黄河水环境承载能力研究及应用

张建军　徐志修　张建中　洪　源　王新功　著

黄河水利出版社

内容提要

本书基于对河流环境系统的认识，从理论的角度界定黄河水环境承载能力概念及内涵；以黄河水功能保护目标为约束条件，在充分考虑国家环境保护政策的条件下，分析论证了黄河水域纳污能力设计条件；以黄河典型河段为研究对象，系统探讨黄河水域纳污能力和入河污染物总量控制方案制定的技术原则与方法，以及黄河水资源保护工作目前存在的主要问题，并提出今后一段时间内黄河水资源保护的研究和工作方向。

本书可供水利部门、环境保护部门的管理者和决策者，从事流域、区域的水资源、水环境保护，以及生态环境需水的科研人员和相关专业的大专院校师生阅读参考。

图书在版编目(CIP)数据

黄河水环境承载能力研究及应用/张建军等著.—郑州：黄河水利出版社，2008.12

ISBN 978-7-80734-402-5

Ⅰ.黄… Ⅱ.张… Ⅲ.黄河-水环境-研究 Ⅳ.X143

中国版本图书馆 CIP 数据核字(2008)第 022150 号

出 版 社：黄河水利出版社

地址：河南省郑州市金水路 11 号　　邮政编码：450003

发行单位：黄河水利出版社

发行部电话：0371-66026940、66020550、66028024、66022620(传真)

E-mail：hhslcbs@126.com

承印单位：黄河水利委员会印刷厂

开本：787 mm×1 092 mm　1/16

印张：11.25

字数：260 千字　　印数：1—1 000

版次：2008 年 12 月第 1 版　　印次：2008 年 12 月第 1 次印刷

定价：28.00 元

前　言

水资源的永续利用是社会经济可持续发展的基础和条件,水资源的永续利用不但需要量的满足,而且需要质的保护。水资源在满足社会经济发展的同时,又作为载体,接纳所产生的废污水,其水环境承载能力是有限的。随着黄河流域社会经济的发展和国家西部大开发战略决策的实施,黄河水资源量的短缺和水污染加重造成的水资源供需矛盾日益突出,成为制约流域社会经济可持续发展的重要因素。黄河流域的水资源形势客观要求在水资源开发、利用、治理的同时,应更注重水资源的配置、节约和保护。根据社会经济发展和水资源永续利用要求,对黄河入河污染物控制必须在浓度控制基础上,实行入河污染物总量控制。

水资源保护是一个新兴领域,涉及自然、经济、社会学科的多个方面,融汇了水资源管理、水污染防治、社会经济发展等多个工作面,其理论、技术方法和手段还有待深入探讨和研究。因此,系统总结有关成果对指导今后水资源保护工作具有重要现实意义。

本书汇总归纳了黄河水资源保护科学研究所近年来在入河污染物总量控制方面的多项研究成果,得到了国家"十一五"科技支撑计划项目"黄河健康修复关键技术研究"子课题"黄河健康修复目标及对策研究"和水利部1999年水利科技重点项目"黄河干流重点河段水体功能区划及水污染物排放总量控制方案研究"等项目的资助。

全书共分为5章。第1章,通过对国内水环境承载能力研究现状调查,详细对比分析了各概念的异同点,提出了与狭义水环境承载能力紧密联系的相关概念的层次划分结构,阐述了对指导水资源保护具有直接实际管理意义的狭义水环境承载能力即水域纳污能力的概念及内涵,并对其特性和影响因子进行了探讨。第2章,简要介绍了黄河水功能区概况和水质现状。第3章,在实现了流域污染物排放控制的有效管理基础上,研究未来黄河可供水量条件下流域主要区域入河污染物产出和控制水平,提出能够支撑流域宏观层面上合理经济发展规模黄河自净需水量,用以指导黄河水域纳污能力设计条件的选择。第4章,以黄河包头、花园口河段为研究对象,筛选确定了入河污染物总量控制因子,考虑区域社会经济发展承受能力,以保护黄河水资源、实现水资源的永续利用为目标,重点研究黄河水域纳污能力计算方法、确定条件,以及入河污染物总量控制原则、思路和方案。第5章,讨论了合理利用和提高黄河水环境承载能力的手段和措施，简要分析了目前黄河水资源保护存在的主要问题，并对今后一段时间内黄河水资源保护的前沿和热点问题进行了前瞻性讨论。

在课题研究和本书的编写过程中，高传德教授、郝伏勤教授、黄锦辉高级工程师给予了悉心的指导和帮助，课题组成员彭勃、张军献、马秀梅、徐晓琳、张世坤等也付出了辛勤的劳动，在此表示最诚挚的感谢！

本书在编写过程中，得到了黄委刘晓燕副总工程师，黄委国科局、水调局等委属单位有关领导和专家的大力支持，提出了许多宝贵意见，在此一并表示感谢。

由于黄河水环境状况异常复杂，黄河水资源保护工作更是任重道远。本书涉及多年大量的资料分析和计算工作，时间及研究水平所限，难免存在一些不足和错误之处，敬请专家、领导以及各界人士批评指正。

作 者

2008 年 8 月

目　录

第1章 水环境承载能力理论探析

1.1 相关研究进展

人类社会进入20世纪后,生产力飞速发展,环境污染日趋严重,在某些地区资源的掠夺性开发及环境污染已威胁着人类自身的生存,人们开始思考一个问题:这种社会经济发展模式能够维持多久,什么是健康的社会经济发展模式。由此而出现了可持续发展的观点,既满足当代人的需要,又不对后人满足其自身需要的能力构成危害的发展(1987年,世界环境与发展委员会及挪威首相希伦特兰(Brundtland))。为了实现可持续发展,人们很自然地提出了环境承载能力的问题,即人们寻求的资源开发程度和污染水平,不应超过环境承载能力。各国在自己的发展战略中都作了有法律约束的规定,我国科委发布的《环境保护技术政策》中指出:区域的开发建设,要进行经济、社会发展、资源、环境承载能力的综合平衡。但是环境承载能力在其定义、内容、研究方法等方面仍不是十分明确,具体界定到"水环境"中的水环境承载力概念也是如此。

目前,与水环境承载力相关的定义概念较多,诸如"水环境承载(能)力"、"水域纳污能力"、"水环境容量"、"水体允许纳污量"等。但是这些概念在研究范畴、概念内涵、定量化指标、相关计算方法等方面均有所不同。

1.1.1 水环境承载能力

1.1.1.1 环境容量与水环境容量

为改善水和大气环境质量状况,1968年日本学者首先提出了环境容量的概念。自日本环境厅委托卫生工学小组提出《1975年环境及量化调查研究报告》以来,环境容量在日本得到广泛应用。以环境容量研究为基础,逐渐形成了日本的环境总量控制制度。欧美国家的学者较少用环境容量这一术语,而是用同化容量、最大容许纳污量和水体容许排污水平等概念。

我国对环境容量的概念、解释及应用是从国外引进的,《辞海》中将环境容量定义为"自然环境或环境组成要素对污染物质的承受量和负荷量"。《中国大百科全书·环境科学》中指环境容量(Environmental Capacity)是在人类生存和自然生态不致受害的前提下,某一环境所能容纳的污染物的最大负荷量。

其中,水环境容量作为环境容量的一个重要组成部分,我国自20世纪70年代开始研究,经过近30年的发展历程,水环境容量已经成为我国水环境综合整治规划的重要技术方法和水质目标管理的科学基础,在城市水环境综合整治规划、水污染防治规划、水污染物总量控制等方面得到了广泛应用,为改善我国水环境质量起到了重要作用。

从诸多概念来看,水环境容量是在水环境管理中实行污染物浓度控制时提出的概念,即考虑到污染源达标排放基础上污染物排放的总量仍然过大使环境受到严重污染，在环境管理上开始采用污染物总量控制法，即把各个污染源排入环境的污染物的总量限制在一定的数值之内，这就是环境容量。就一个特定的水环境来看，对污染物的容量是有限的。其中，我国在“六五”期间开展的《主要污染物水环境容量研究》中指出，水环境容量是在规定环境目标下所能容纳的污染物的量，环境目标、水环境特征、污染物特性是水环境容量的三类影响因素。夏青[1]在《流域水污染物总量控制》中将水环境容量定义为水域使用功能不受破坏条件下，受纳污染物的最大数量。通常将给定水域范围，给定水质标准，给定设计条件下，水域的最大允许纳污量称为水环境容量。方子云[2]在《水资源保护工作手册》中指出，水环境容量是满足水环境质量标准要求的最大允许污染负荷量，或纳污能力。认为水环境容量包括稀释容量、迁移容量和净化容量三部分，其大小与给定水域水文、水动力学条件、水体稀释自净能力、排污点的位置与方式、水环境功能需求和水体自然背景值等因素有关。从水环境容量计算来看，涉及水污染物在水体中的稀释、迁移、转化规律。因此，水环境容量的计算自然而然地与具体水域的水质模型相联系。

1.1.1.2 水环境承载(能)力

“承载力”一词最早来源于生态学中的概念，是指在某一环境条件下，某种生物个体可存活的最大数量。起初，承载力的概念只用于生态学领域，但随着人类社会经济活动的逐渐扩大所带来日益严峻的环境问题，以及可持续发展观念的提出，承载力概念逐渐被环境科学所借鉴，以此来描述人类和经济发展与周边环境的关系。水环境承载力正是在此背景下提出的。

目前，作为实体形式存在的水资源其作用已经为社会公众所认知，水资源承载力概念已经得到广泛应用，“以供定需”等水资源配置模式正是在此概念下提出来的。随着近年来人们对与水资源伴生的水环境认知程度逐渐提高，水环境资源和价值属性也日益得到认可，这正是水环境承载力的理论基础。

国内对水环境承载力或水环境承载能力概念研究时间不长，近年来研究热点大体始于原水利部部长汪恕诚在《水环境承载能力分析与调控》一文所提出的水环境承载能力概念[3]。文中由水资源承载能力谈到水环境承载能力，指出水资源承载能力与水环境承载能力是一个问题辩证的两个方面，水资源承载能力讲的是用水即取水这一面，水环境承载能力是排水排污这个方面。其中，水资源承载能力指的是“在一定流域或区域内，其自身的水资源能够持续支撑经济社会发展规模，并维系良好的生态系统的能力”。水环境承载能力指的是“在一定的水域，其水体能够被继续使用并仍保持良好生态系统时，所能够容纳污水及污染物的最大能力”。同时，在谈到考虑目前我国水污染防治状况，“水体能够被继续使用并仍保持良好生态系统”这个远期目标目前难以实现，近期可提出“还能被继续使用”这个比较低的要求。

另外，郭怀成等[4]认为水环境承载力是指某一地区、某一时间、某种状态下水环境对经济发展和生活需求的支持能力。廖文根等[5]认为水环境承载力是指水环境系统功能可持续正常发挥前提下接纳污染物的能力(即纳污能力)和承受对其基本要素改变的能力(即系统调节能力)。从以上对水环境承载力概念的不同定义可以看出，虽然定义有所差别，但都是指在保证水环境的继续使用和功能完整的前提下，水体承纳污染物的能力。

彭静[6]在《广义水环境承载理论与评价方法》中系统总结诸多成果，将水环境承载力概念扩展到人类社会经济活动领域，她认为水环境承载力可以理解为：在某一时期，某种状态或条件下，某地区的水环境所能承受的人类活动作用的阈值。水环境承载能力是相对于一定时期、区域及一定的社会经济发展状况和水平而言的，其目标是保护现实的或拟定的水环境状态（结构）不发生明显的不利于人类生存的方向性改变，以保障水环境系统功能的可持续发挥，以此为前提，对区域性的人类社会活动，特别是人类经济发展行为在规模、强度或速度上的限制值。

1.1.1.3 水域纳污能力

"纳污能力"一词最早源于全国水资源保护规划（1998），其后以此为核心被我国水资源保护行业广泛应用。2002 年《中华人民共和国水法》首次在法律上明确了"水域纳污能力"的概念，并与水域限制排污总量意见一起构成我国水资源保护行业的核心工作。但是，迄今为止，在法律层面仍然没有见到关于纳污能力的确切定义。

《全国水资源综合规划地表水资源保护技术培训讲义》[7]中所定水功能区纳污能力，是指对确定的水功能区，在满足水域功能要求的前提下，按给定的水功能区水质目标值、设计水量、排污口位置及排污方式，功能区水体所能容纳的最大污染物量，以吨/年（t/a）表示。水利部水资源司原司长吴季松等[8]在《水资源保护知识问答》中，定义水体的纳污能力是指在水域使用功能不受破坏的条件下，受纳污染物的最大数量，即在一定设计水量条件下，满足水功能区水环境质量标准要求的污染物最大允许负荷量，其大小与水功能区范围的大小、水环境要素的特性和水体净化能力、污染物的理化性质等有关。中国水利水电规划设计总院朱党生等[9]在《水资源保护规划理论及技术》中指出，水体纳污能力是在给定水域的水文、水动力学条件、排污口位置及排放方式情况下，满足水功能区划确定的水质标准的排污口最大排放量，定义为该水域在上述情况下所能容纳的污染物总量，通常称为水体纳污能力。王超[10]在《水域纳污能力及限制污染物排放总量方法研究》中认为，水域纳污能力是与水环境容量同时产生的，两者没有本质上的区别。

此外，在我国水环境管理、水资源保护等相关部门，以及高等院校和科研院所在不同时期也提出了与水环境承载（能）力类似的概念，如允许纳污量、控制区域容许排污量、区域容许排污量、湖泊容许负荷量等。总的来看，这些定义内涵基本一致，都是指一定水域范围内，为保护水体水质达到一定目标情况下，水体所能容纳的最大污染物量。有关定义归纳见表 1-1。

1.1.2 研究范围及方法

1.1.2.1 研究范围

水环境承载（能）力研究涉及水环境科学的许多基本理论问题和水污染控制的许多实际问题。它的产生和发展在很大程度上取决于污染物在水环境中迁移、转化和归宿研究的不断深入，以及数学手段在水环境研究中应用程度的不断提高。经过多年的深入研究，目前水环境承载（能）力的污染物研究对象从一般耗氧有机物（目前我国水体主要受到有机污染物的污染，主要代表综合因子是 COD 和氨氮）和重金属（"湘江重金属的水环境容量研究"等），扩展到氮、磷负荷和油污染。空间分布上，从小河水环境容量研究扩展到长江、珠江、淮河等大水系的水环境容量研究,从枝状河流水环境容量研究扩展到湖泊、河口海湾及河网化地区的水环境容量研究。

表 1-1 水环境承载(能)力概念归纳

序号	名称	定义	出处
1	允许纳污量	根据水环境管理要求,划分水体保护区范围及水质标准要求,根据给定的排污地点、方式和数量,把满足不同设计水量条件,单位时间内保护区所能受纳的最大污染物量,称为受纳水域容许纳污量	朱党生,王超,程晓冰《水资源保护规划理论及技术》
2	控制区域容许排污量	依据水域保护目标,在已确定的水域容许纳污量基础上,经过技术、经济可行性论证后,对影响水域水质的陆上控制区污染物排放总量所规定的限值,称为控制区域容许排污量。控制区域,通常应与受纳水域保护目标相对应,与设计条件规定的污染物类别、控制时间相对应	朱党生,王超,程晓冰《水资源保护规划理论及技术》
3	区域容许排污量	按照水资源保护规划目标,或将水体纳污能力加乘安全系数,或根据规划区域内排污总量的控制要求,在经过技术、经济可行性论证后确定的污染物排放总量控制目标,称为区域容许排污量	朱党生,王超,程晓冰《水资源保护规划理论及技术》
4	湖泊容许负荷量	具有某一设计水量的(即某一保证率)湖泊为维持其水环境质量标准,所容许污染物质最大的入湖数量,称为湖泊水环境容量。在单位湖泊面积上容许污染物质入湖数量,称为湖泊容许负荷量	顾丁锡,舒金华《湖泊水污染预测及其防治规划方法》

但是,对于微量有毒有机物,由于其在环境中的迁移转化规律尚未完全掌握,在水域中含量又极低,而对人体的影响也不像某些物质那么迅速,其有一个累积过程,有些物质目前我国也尚无"标准",水环境承载(能)力还少有研究。

1.1.2.2 计算方法

国内外研究者提出的多种水环境容量的定义,可大致分为以下几类[11]:

(1)水环境容量是污染物容许排放总量与相应的环境标准浓度的比值;

(2)水环境容量是水体的自净同化能力;

(3)水环境容量是指不危害水体环境的最大允许纳污能力;

(4)水环境容量是指环境标准值与本底值确定的基本水环境容量和自净同化能力确定的变动水环境容量之和。

目前，绝大多数水环境承载（能）力研究都是以水质模型为基础，建立水环境容量计算数学模式[12]，在计算方法上，从解析公式算法、模型试错法发展到多目标综合评价模型、潮汐河网地区多组分水质模型，非点源模型、富营养化生态模型、大规模系统优化模型等。蒋晓辉、万飙、刘兰芬用 $E=C_s(Q+q)-QC_0-C_s(Q+q)[1-\exp(-K\frac{x}{u})]$ 对环境容量进行计算。李适宇引进贡献度系数，以分区达标控制法用于求解海域环境容量。而韩进能、董梅、钟成华、陈燕华、李开明、梁荫等针对不同河流进行了环境容量计算。曾慧、李隽、罗旭升、刘文样等对水库的环境容量进行了计算。孙卫红等提出了环境容量计算中的不均匀系数问题。慕金波、杨志平等建立了潮汐河流环境容量的计算方法。徐贵泉等指出潮汐作用、调蓄库容、水利工程的调控运行、污染物的降解系数和边界引水水质都是环境容量的因素，并建立了感潮地区河网水环境容量的计算公式。李开明建立了潮汐河网地区的随机模型，给出了随机参数的分布形式，用 Monte - Carlo 随机抽样法求解水质模型，并进行了敏感性讨论。郑孝宇基于“河道—节点—河道”算法的河网水质模型，给出了河网非稳态水环境容量的计算模式。

1.1.3 黄河有关纳污能力的研究

为实现黄河流域水资源永续利用和社会经济可持续发展，改善黄河流域水体水质，保障黄河流域工农业和生活用水安全，黄河流域水资源保护局于 1998 年后陆续开展了与水域纳污能力审定、水污染物总量控制有关的基础资料搜集和研究、规划工作。先后编制完成了“黄河重点河段水功能区划及入河污染物总量控制方案研究”、“黄河流域水资源保护规划”等，对黄河干流及湟水、汾河、渭河、洛河和大汶河等 5 条主要支流进行了水体纳污能力审定和污染物入河总量控制工作。另外，在 2002 年特殊旱情紧急情况下，以《2002 ~ 2003 年黄河旱情紧急情况下水量调度预案》中水量调度方案为设计条件，编制完成了“2003 旱情紧急情况下黄河干流龙门以下河段入河污染物总量限排方案”，对黄河龙门以下河段 6 条主要入黄支流和 10 个重要排污口及有关省提出了限制排污总量意见，有效地改善了黄河龙门以下河段水体水质；为了保障第八次引黄济津和沿黄人民群众的用水安全，黄河流域水资源保护局与国家环保总局共同编制完成了“2003 ~ 2004 年引黄济津期黄河水污染控制预案”，对重点水域、重点控制城市中重点控制对象提出了污染物浓度和通量的控制要求，取得了良好的效果。

从工作成果内容来看，黄河工作者认为水域纳污能力是指，在既定水功能区水域的水文、水动力学条件、来水背景水质、排污口位置及方式情况下，依据水体稀释和污染物自净规律，利用数学水质模型计算出的满足水功能区水质标准的排污口最大允许排放量[13]，其含义与吴季松、朱党生等的基本相同，所研究的主要是黄河典型污染因子 COD、氨氮等。

1.1.4 水环境承载（能）力概念对比分析

分析上述各概念内涵，笔者认为这些概念既有相同点，又有区别。主要体现在以下几个方面：

(1)相同点:

①作为非实体形式而客观存在的水环境承载(能)力,是制约人类经济社会发展速度和规模的重要因素。无论是水环境承载(能)力、水环境容量,还是水域纳污能力等概念,均是人类在水环境遭受(严重)污染后,从改善和保护水环境、水资源,实现水资源的高效、安全利用和对经济社会发展的持续支撑,保障人类赖以生存的生态环境安全角度出发,以水体稀释、自净和降解等水环境变化规律为基础,所建立起来的"限制人类社会经济活动,限制水域排污,将人类活动或水域容纳污染物控制在一定限度内的"水环境、水资源管理层面的概念。

②水环境容量、水域纳污能力概念是与我国水环境、水资源保护管理政策相联系的,为我国水环境污染物总量控制的最重要理论基础。具体来说,水环境容量主要是为区域水环境污染防治中的污染物总量控制提供量化依据,而水域纳污能力主要是提出水功能区限制排污总量,为监控水功能区的水质状况提供技术依据。

③从水环境、水资源管理层面来看,无论是水环境容量,还是水域纳污能力,都是相对具体的水环境、水资源保护管理单元,而这些管理单元都有明确的水环境、水资源保护管理的水质保护目标,即保证水环境和水资源的继续使用和生态环境功能的相对完整。水环境容量是与具体的水环境功能区相挂钩,而水域纳污能力是与确定的水功能区相挂钩,实质上水环境功能区与水功能区没有本质上的区别,划分原则、划分方法、水质保护目标等基本相同。

④从前述各概念定义来看,为更好地实施水环境、水资源的管理,从易于操作性角度出发,水环境承载(能)力通常情况下都是水体或水域在一定设计水量(通常是从最不利角度出发,《制定地方水污染物排放标准的技术原则和方法》(GB 3839—83)规定一般河流采用近10年最枯月平均流量,或90%保证率最枯月平均流量作为设计流量[14])、水体保护目标条件下,所计算得出的水体最大容纳人类社会经济活动的排污限度或污染物的量。

⑤水环境承载(能)力以水环境变化规律为基础,基于目前人们对水环境规律认知程度,水环境承载(能)力一般都是以一定的水质模型为基础进行计算和合理性分析所得出的。目前水质模型在理论、方法上已相对比较完善,因此进行水环境承载(能)力计算分析的关键问题是,如何针对水体的具体情况,科学选取符合实际情况的水质模型,避免由于模型计算过分夸大或过分缩小水环境承载(能)力,而造成水环境或水资源保护管理工作与实际情况的过于偏离。

(2)不同点:

①可以说,承载力概念及其相关理论是伴随着可持续发展理论而逐渐发展起来的,因此水环境承载(能)力所探究的是人类社会经济活动及其结果与水环境及其变化规律之间的关系。从这个角度来看,水环境承载(能)力应该具有比水环境容量、水域纳污能力等概念更广泛的内涵,其是在对区域社会经济—水资源—水环境关系进行系统分析的基础上,构建系统的评价指标体系,来研究水资源、水环境对社会经济活动的支撑能力及最大容忍限度。水环境承载(能)力评价指标体系比水环境容量、水域纳污能力等具有更广泛的反映指标,包括经济社会中的各项指标(人口、经济结构和产值等)以及社会经济活

动所产生的环境结果(水质状况、排污状况等)。而水环境容量、水域纳污能力等概念只是反映了水资源、水环境对社会经济活动所产生的环境结果,且更偏向于基于水环境自然变化规律的水环境对各类污染物的接纳能力。

从直接作用于经济社会角度来看,水环境承载(能)力研究结果更易于直接指导流域或区域的社会经济发展,但是由于水环境承载(能)力评价指标体系是一个庞大的系统研究工程,其中各项指标及指标间耦合关系在短时期内难于实现。因此,结合我国目前水环境、水资源保护管理体系结构,采用水环境承载(能)力的单个要素来反映社会经济—水资源—水环境关系,更易于为相关管理部门及社会经济各单元所接受。

以此角度来看,水环境承载(能)力依据人们对该概念的研究深度以及相关管理部门管理手段的完善程度,可划分为广义水环境承载(能)力和狭义水环境承载(能)力。其中,广义水环境承载(能)力指某一时期,在一定流域或区域内,水环境能够持续支撑人类社会经济活动的阈值;狭义水环境承载(能)力指某一时期,在一定流域或区域内,水环境能够持续支撑人类社会经济活动所产生的各类污染物的容纳能力。

②水环境容量、水域纳污能力等概念作为狭义水环境承载(能)力研究的重要组成部分,目前,这两个概念被有关学者、管理机构视为等同而被广泛应用,那么其与水环境承载(能)力到底有如何的关系呢,它们之间的关系又如何呢?

首先,笔者认为研究空泛的水环境承载(能)力毫无意义,必须将其放置于特定的历史时期、环境条件下,该概念才能发挥其对社会经济较好的支撑作用。研究认为,狭义水环境承载(能)力在一定时期、一定流域或区域内,实际反映为水域纳污能力,水环境容量则作为水域纳污能力的引申概念,两者只是侧重点不同而已。

"能力"在现代汉语词典中解释为"能胜任某项任务的主观条件"。因此,从字面上来理解水域纳污能力应该为:为维持一定水域水资源可持续利用、水生态良性维持的需要,水域主观能够承纳污染物的最大量,是水域天然能力的表现,其同水资源承载能力一样强调的是水域承纳污染物的"资源特性"。而"水环境容量"从字面上来理解应该为:为维持一定水域水资源可持续利用、水生态良性维持的需要,在现实水环境状态下水域能够容纳污染物的最大量,其同"可利用水资源量"一样强调的是"水域纳污能力的可利用资源量"。

因此,从这个角度来看,水域纳污能力应该属于资源管理和资源配置的范畴,而水环境容量则属于可利用资源管理的范畴,水域纳污能力包含水环境容量。

水环境承载(能)力、纳污能力、水环境容量之间关系见图 1-1。

其次,基于上述对水域纳污能力、水环境容量概念的理解,可以深究这两个概念的内涵。

水域水资源可持续利用、水生态良性维持作为水域纳污能力、水环境容量计算分析的目标,客观来讲,这个目标过于宏观和空泛,不具有实体性。因此,在一定的人类社会发展历史时期,这个目标与人类对水环境和水生态认识水平及要求、相关环境技术发展水平等相关联,也就是说水环境承载(能)力具有随上述因素动态变化的特性。具体来说,近期我国水资源还只能做到"被继续使用"这个比较低的要求,现实这个目标具体表现为水环境质量标准,即狭义水环境承载(能)力的量化是建立在一定时期人们对水环境保护管理

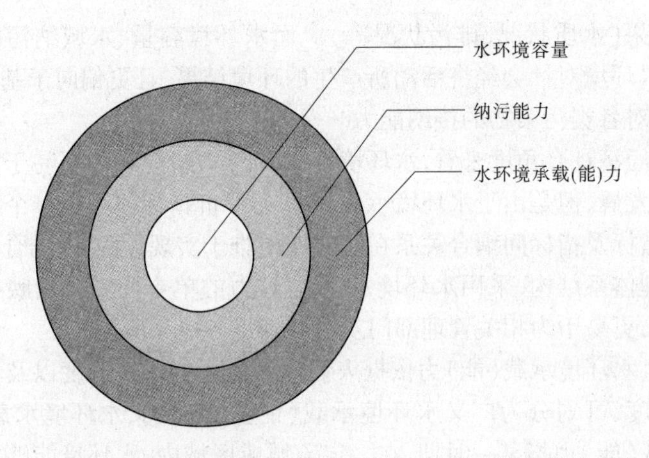

图 1-1　水环境承载(能)力、纳污能力、水环境容量关系图

目标要求——水环境质量标准之上的。

这就涉及几个问题：

第一,随着社会经济的发展,人类生活水平的逐渐提高,人类对生态环境质量的要求亦会越来越高,水环境质量标准也会随之越来越严。这样在人类社会发展的不同阶段,水环境质量标准将作用于水环境承载(能)力,并使水环境承载(能)力愈来愈小。

第二,在人类社会生产力逐步提高的过程中,人类对环境规律的认识将不断得到深入,环境技术也将不断得到完善。因此,水环境质量标准亦将不断改进和完善,包括监测因子、标准要求值等,水环境承载(能)力指标体系亦将不断得到完善。目前国际上对水质的监测已从化学指标监测转向生理毒性监测,从单纯地考虑水的化学物质组成向综合考虑水环境生态系统功能的方向发展,更加关心水环境对人类健康效应的监测,更加注重生态的表现。

作为与水资源伴生而存在的水环境承载(能)力资源,以及以现实可利用水环境承载(能)力资源存在的水环境容量,在研究过程中必然需要开展天然本底资源量的调查,以及现实资源量的调查计算分析。由于狭义的水环境承载(能)力资源具有社会和自然双重属性,带有一定的主观色彩,目前我国水环境、水资源保护管理中该资源是与水污染物总量控制和限制排污总量意见等污染物总量控制政策紧密联系的,如何在资源分配过程中体现"资源分配"的"公允性"就成了水环境承载(能)力资源调查过程中的一个重要问题。

通常狭义的水环境承载(能)力以水质模型的形式计算确定,在水质保护目标相同、有关模型参数确定的情况下,水域纳污能力、水环境容量取决于具体的水环境、水资源保护管理单元上游来水背景水质状况。一般情况下,水域纳污能力可取水环境天然本底值,与水质目标一起来反映水域主观能够承纳污染物的最大量。但是,目前我国水资源开发利用程度相对较高的部分水体都受到不同程度的污染,缺少水环境天然本底调查值,在这种情况下,水域污染物实测浓度反映的是在现实水环境状态下水域能够容纳污染物的最大量,即水环境容量。水环境承载(能)力是对水环境系统内在规律的客观反映,不受其开发利用程度的影响。由于水环境的连通性,水污染的连续传递性,在进行水域纳污能力计算分析时，为体现资源分配的公平性，体现“上游河段污染不影响下游河段”[15]，不因上游污染严重而减少下游河段的纳污能力，也不因上游河段处于天然状态或污染较轻就增加下游河段的纳污能力，背景来水污染物浓度选用上游水环境、水资源保护管理单元的水质目标，这显然是既能够强化上游水质较好河段的水资源保护，又对下游河段是公平的，容易被各管理单元所接受。

前面谈到目前水域纳污能力和水环境容量是在一定设计水量条件下计算分析完成的。由于狭义水环境承载（能）力计算分析目的不同于“制定地方水污染物排放标准”工作，且《制定地方水污染物排放标准的技术原则和方法》（GB 3839—83）编制时，我国的水环境污染状况与目前我国的水污染形势迥然不同，因此笔者认为水域纳污能力和水环境容量设计水量条件是否有必要非要遵循有关标准要求，可否寻求新的出路。由于《制定地方水污染物排放标准的技术原则和方法》所规定的设计条件在水资源日常管理之中少有发生，在这种条件下所制定出来的污染物总量控制方案对入河污染物控制过严，尤其是对于北方季节性河流和有断流、脱流问题存在的部分水域，在实际操作中更是让有关水环境、水资源保护管理部门和排污企业难于接受、难于实施，而且由于河流水文、水质和水力条件是随时空条件变化的，河流水环境承载（能）力也应是一个变量，所确定的设计水量条件没有与水资源的变化规律相结合，依据确定性设计条件得到的水环境容量并不是河流真实状态下的水环境承载（能）力，对平、丰水期的水环境承载（能）力资源未能给予合理的开发、利用，不符合水环境承载（能）力是与水资源伴生存在的有关规律。

既然水环境承载（能）力与水资源承载能力是“一个问题的两个方面”[3]，因此水环境承载（能）力应该主要受制于径流量而非流量，其完全可借鉴水资源承载能力的部分表现形式来构建自己的表现形式。笔者认为，狭义水环境承载（能）力可以以“一定设计条件下的水资源径流量”为基础，将年径流量分配到月，并以月平均设计流量来计算分析月水环境承载（能）力，合计月水环境承载（能）力来表现年水环境承载（能）力，如果需要亦可按旬计算，而不是目前的一个设计流量条件。不过时段愈短，其随机性亦相应增大。这样的话，狭义水环境承载（能）力可具有在多年平均、丰水年（$P=25\%$）、平水年（$P=50\%$）、枯水年（$P=75\%$）和特枯年（$P=90\%$、$P=95\%$）等不同设计径流条件下的资源状况。

1.2 水环境承载能力概念及内涵

1.2.1 水环境承载（能）力概念

1.2.1.1 水域和水环境概念

中华人民共和国国家标准水文基本术语和符号标准（GB/T 50095—98）对水环境（Water Environment）的定义，指围绕人群空间及可直接或间接影响人类生活和发展的水体，其正常功能的各种自然因素和有关的社会因素的总体。也就是说，水环境是以水体为核心，具有自然和社会双重属性的空间系统，其应该是包含水、水中悬浮物、溶解物、水生生物和底泥的综合体。

水环境是由水环境要素(水环境基质)(Water Environmental Elements)组成的。根据(GB/T 50095—98)对水环境要素的定义,其是由构成水环境整体的各个独立的、性质不同的而又服从整体演化规律的基本物质组成。以此来看,水环境要素应该包含水体、流量及流态、水循环空间、下垫面及岸坡周边以及它们的组合方式、水体污染相对应的水体质量等。

因此,研究水域纳污能力就应该包含水环境所有要素,并在水环境系统变化的物理、化学和生物过程的基础上开展有关工作。考虑到黄河水资源主要供水对象为农业、城市生活和工业等,多在取水后采用工程设施进行水沙分离,以"清水"供给用户,况且该河段水体含沙量相对较低,因而重点研究水相中典型污染物的纳污能力具有重要的实际意义。

1.2.1.2 水域纳污能力概念

基于上述对狭义水环境承载(能)力和水环境概念的理解,研究认为,黄河水域纳污能力指,为维持黄河水域水资源可持续利用、水生态良性维持的需要,重点是保障饮用水安全与人群健康的需要,黄河水域(包含水相、悬浮物相和沉积物相)在一定时段内主观能够承纳典型污染物的最大量。

考虑到水环境、水资源保护管理的实际需要,黄河水域纳污能力是指,在设计水量(主要是径流量)条件下,按照确定的典型污染物水质保护目标、河段上游来水典型污染物浓度,以及现有入河排污口分布情况,以污染物在特定环境系统内的结构、功能以及物理、化学和生物学作用为基础,利用黄河典型污染物环境模型计算出的水功能区在一定时段内的最大允许容纳的典型污染物量。

1.2.2 水域纳污能力影响因子分析

根据以上笔者所界定的水域纳污能力概念,研究认为水域纳污能力影响因子可包含影响纳污能力的内涵因子和影响纳污能力的水环境要素。

1.2.2.1 影响纳污能力的内涵因子分析

影响纳污能力的内涵因子应该包括:

(1)人们对环境的认识和要求水平;

(2)环境技术发展水平;

(3)社会经济发展水平;

(4)环境保护和水资源保护政策、法规等管理水平。

前面在分析水环境承载(能)力、水环境容量、水域纳污能力等概念时已仔细探讨过上述内涵因子,在这里不再赘述。

1.2.2.2 影响纳污能力的水环境要素分析

总体来说,影响纳污能力的因素主要有以下几个方面:

(1)设计径流量。一般枯水期纳污能力相对小一些,丰、平水期水量充足则纳污能力相对大一些。

(2)水环境质量标准。水环境质量标准取决于国家的环境政策、地区的环境要求、经济财政能力、环境科学和技术水平。我国已经颁布了《地表水环境质量标准》、《生活饮用水标准》、《渔业水质标准》、《海洋水质标准》等。

(3)河段上游来水背景值。背景值高,纳污能力则小;反之则大。在上游受到污染情况下,可采用上游水环境、水资源保护管理单元要求的水质目标值。

(4)污染物自净降解规律。污染物自净降解速率越快,水环境承载(能)力越大;反之则小。

(5)排污点的位置和方式。当排污点分布均匀时,纳污能力相对大些;若排污点集中,则水体的纳污能力相应减小。

1.2.3 纳污能力特性分析

(1)资源性:自然资源系统指为满足人类的生活和生产需要可被利用的一切自然物质和能量。由于水体具有降解水中污染物的动能、化学能和生物能,这些"能"源均可被人们所利用。因此,水环境承载(能)力是一种自然资源。

(2)社会属性:前面提到水环境承载(能)力是一项人类自我设定的限制自我主观活动强度的阈值,受到人们对环境的认识和要求水平、环境技术发展水平、社会经济发展水平、环境保护和水资源保护政策、法规及管理水平等诸多因素的影响,带有一定的人类主观色彩,因此具有一定的社会属性。

(3)动态性:主要体现在两个方面。前面已谈到,一方面随着社会发展程度逐步提高的影响,水环境承载(能)力呈下降趋势;另一方面水环境承载(能)力受水资源变化的影响,具有一定的随机性。

(4)地区性:水环境承载(能)力是与具体的水环境相挂钩的,在不同地区不同的水文、气象条件下,不同地带的水体对污染物有着不同的物理、化学和生物自净能力,因而决定了水环境承载(能)力具有明显的地区性特征。

(5)极限性:谈到承载力就应该具有极限性。由于水环境承载(能)力的恢复与更新,主要依靠自然力,其人工可调性较弱,因此其是可以被耗尽的。

(6)不确定性:水环境承载力涉及"自然—社会—经济—环境"这一复杂的巨大系统,大系统内部的结构因素之间的影响决定其具有不确定性。

(7)可控制性:人类可通过陆地植被等自然生态系统的修复、水环境治理、排污系统优化、水利工程的调节等工程措施,对水环境承载(能)力进行调控。

(8)不具加和性:水环境承载(能)力的不具加和性是和地区性紧密联系在一起的,某一个管理单元的水环境承载(能)力必须换算为同一管理单元后才能被另外一个管理单元利用。

(9)对象性:狭义水环境承载(能)力其限制的直接对象是向水体输污的污染源,因此只有针对一定对象的水环境承载(能)力才具有实际管理意义。某些学者所提出的"环境容量为某一断面的环境容量"[16]的概念,本身没有问题,但只有在断面环境容量还原为控制对象的狭义水环境承载(能)力之后才能实际操作应用。

1.3 黄河水环境承载能力特性分析

1.3.1 时空分布差异明显

1.3.1.1 年际变化大

黄河干流各站年最大径流量一般为年最小径流量的3倍以上，而且随着黄河流域工农业生产和生活用水的日益增加，黄河干流主要水文站的实测年径流量普遍呈现出衰减的趋势。以兰州、头道拐、三门峡和花园口站为例，上述四站1950~1986年平均实测径流量分别为334.9亿m^3、252.3亿m^3、411.8亿m^3、455.1亿m^3，1987~1997年分别为269.4亿m^3、167.8亿m^3、269.5亿m^3、286.7亿m^3，与1950~1986年相比，分别减少了19.6%、33.5%、34.6%和37%，各站实测年径流量变化情况见图1-2。另外，从多年的实测资料分析得知，黄河存在连续枯水时段，而且还存在枯水时段持续时间长的特点，如1922~1932年、1990~1997年长达11年和8年的枯水段。

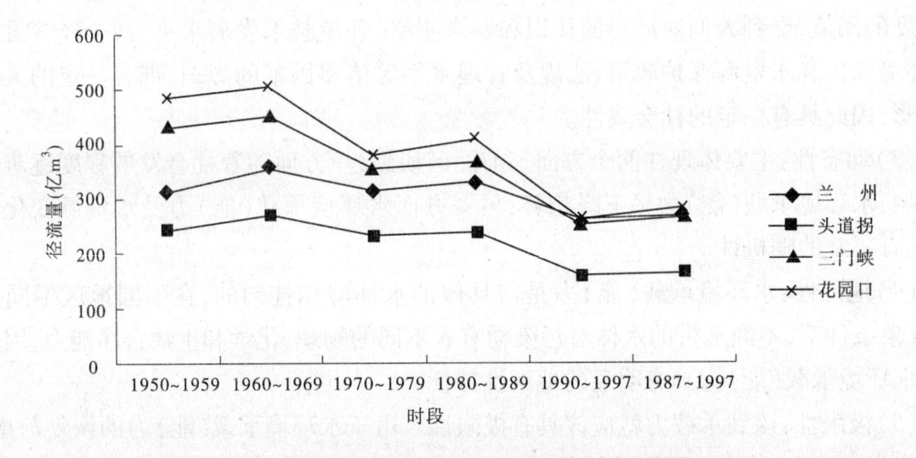

图1-2 重要水文站实测年径流量不同年代变化情况

水量变化大，表明黄河水环境承载能力很不稳定，而水量的减少必然会带来黄河水环境承载能力的下降，连续枯水时段的存在又使黄河水环境承载能力持续走低，加上流域近年来经济的快速发展和城市化进程的加快，废污水排放量呈与日俱增之势，其表现是水环境的压力越来越大，多数河段常年超负荷运行，水污染恶化的趋势得不到遏制。

1.3.1.2 年内分配集中

在人类对黄河水资源尚无有效调控能力时，径流年内分配比较集中，7~10月的汛期，径流量约占全年径流量的60%，而非汛期的11月至翌年的6月径流量仅占全年的40%左右。1950~1986年兰州、头道拐、三门峡、花园口站实测径流量汛期和非汛期所占比例见表1-2。这一分配格局，无疑使水环境承载能力也存在同样的规律，即汛期显著高于非汛期。在流域接纳废污水量基本稳定的情况下，汛期黄河水环境质量明显优于非汛期。

表 1-2　黄河重要水文站实测径流量汛期、非汛期分配对比

站名	时段	年径流量（亿 m^3）	汛期（%）	非汛期（%）
兰州	1950～1986	334.9	56.7	43.3
	1987～1997	269.4	41.8	58.2
头道拐	1950～1986	252.3	58.6	41.4
	1987～1997	167.8	40	60
三门峡	1950～1986	411.8	57.2	42.8
	1987～1997	269.5	45.9	54.1
花园口	1950～1986	455.1	58.7	41.3
	1987～1997	286.7	47.2	52.8

1986 年 10 月龙羊峡水库投入运用后，其与刘家峡水库联合调度运用，使黄河干流各站径流的年内分配发生了明显的变化。以兰州、头道拐、三门峡和花园口四站为例，1950～1986 年与 1987～1997 年实测径流量的年内分配对比情况见表 1-2、图 1-3。可以看出，1987 年以后，汛期径流量大幅下降，非汛期明显增加，出现了所谓的“丰水期不丰，

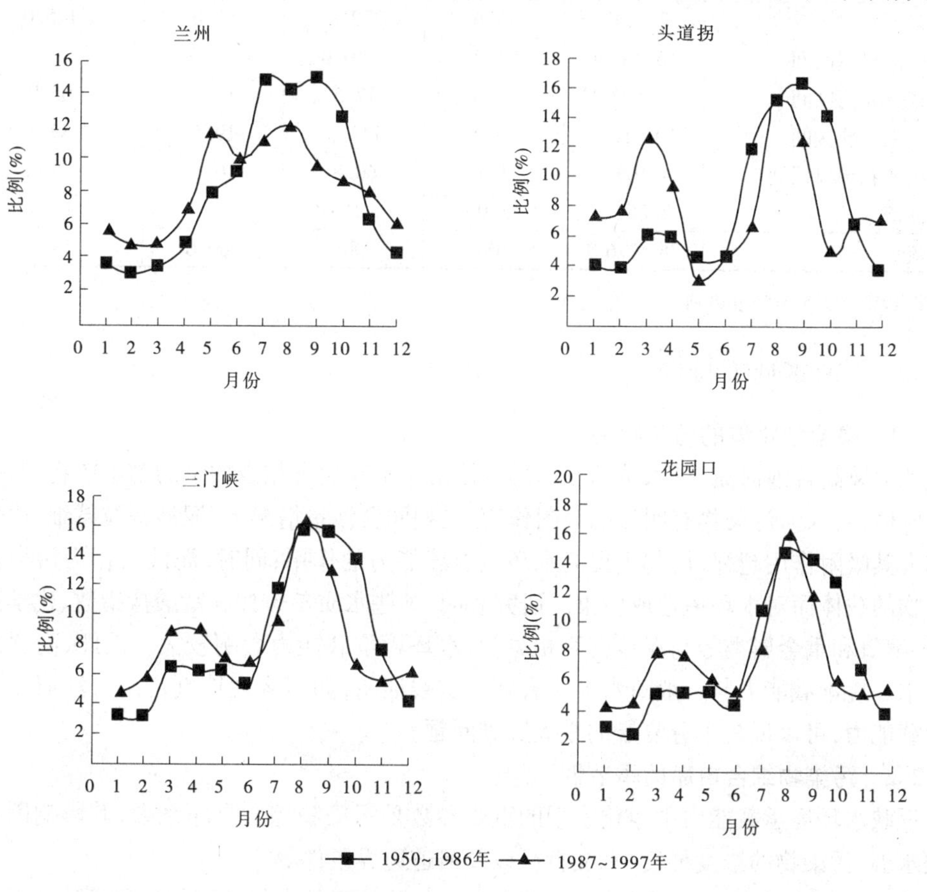

图 1-3　黄河重要水文站实测年径流量年内分配比例对比图

枯水期不枯”现象。这在一定程度上缓解了年内径流过于集中的现象,仅从这个角度来考虑,对改善非汛期水环境质量是非常有利的。但也应看到,由于实测年径流量呈现衰减趋势,有可能导致年内各水期水环境承载能力均有所下降。

1.3.1.3 空间分布不均

黄河流域水资源地区分布极不均匀。黄河流域天然年径流量地区分布见表1-3。由表1-3可见,兰州以上流域面积占全流域的29.6%,来水量却占全流域的55.6%,黄河清水基流主要来自兰州以上区间。但兰州以上区域受自然条件的制约,人口稀少,社会经济不很发达,水环境承载能力难以利用。而兰州—河口镇区间、龙门—三门峡区间和三门峡—花园口区间,其平均天然年径流量仅占全流域的28.3%,但这些区段却集中了流域社会经济的主要部分。由于水资源和水环境承载能力空间分布不均,与流域社会经济发展需求又很不匹配,必然对水环境的保护与管理造成很大难度。

表1-3 黄河流域天然年径流量地区分布

站名或区间名	控制面积		平均年径流量		年径流深(mm)
	万 km^2	占全河(%)	亿 m^3	占全河(%)	
兰州以上	22.243	29.6	322.6	55.6	145.0
兰州—河口镇区间	16.364 4	21.7	-10.0	-1.7	—
河口镇—龙门区间	11.127 2	14.8	72.5	12.5	65.0
龙门—三门峡区间	19.110 8	25.4	113.3	19.5	59.4
三门峡—花园口区间	4.169 4	5.5	60.8	10.5	146.1
下游支流	2.262 1	3.0	21	3.6	93.7
黄河流域	75. 276 9	100	580	100.0	77.1

注:指1919~1975年56年系列。

1.3.2 黄河水环境特性

1.3.2.1 高含沙水体的污染特性

黄河属高含沙河流,进入黄河水体的泥沙由于本身含有相当数量的黏土矿物和有机、无机胶体,对入河污染物有明显的吸附作用,在相同含沙量情况下,泥沙颗粒越细、比表面积越大其吸附作用越强,可起到提高水环境承载能力的作用;同时,泥沙又作为污染物和污染物的载体而对水环境造成污染。研究表明,某些水质参数如高锰酸盐指数、化学需氧量、溶解氧和重金属类等与泥沙密切相关,对水环境承载能力影响较大。因此,高含沙河流的水环境承载能力与一般清水河流有别。实践证明,如何客观地判定高含沙河流水环境承载能力,可以说是十分复杂的重大疑难问题。

1.3.2.2 污染物综合自净的季节性

反映水环境承载能力中净化容量的重要参数是污染物综合自净系数,其影响因素主要是水温、污染物的浓度梯度、水文特征以及河道边界条件等。

黄河流域地跨10个纬度、地势呈现三个大的阶梯以及大气环流的作用等使气温分布差异悬殊,南高北低、东高西低,流域内气温的年较差、日较差均较大,与气温密切相关的水温同样差异较大。纳污水体的温度直接影响污染物自净过程中的分解、氧化反应、微生物的生物活性等作用的进行。从多年黄河水质监测资料可以看出，在其他条件雷同的情况下，一些河段水质的优劣与水温高低关系较大，尤以地处高纬度地带、冬季封河的宁蒙河段和下游宽浅游荡河段最为明显。即夏季高温期污染物自净能力较强，冬季低温期污染物自净能力最差。表明水环境承载能力存在明显的季节性差别。以此表明，在审定黄河各河段水环境承载能力时，必须考虑季节性水温变化所带来的影响。

1.3.3 可调节性较强

黄河兰州段以上有龙羊峡、刘家峡、盐锅峡、八盘峡等水利枢纽，河段内有小峡工程。其中龙羊峡、刘家峡水利枢纽具有水资源多年和年内调节功能。1986 年 10 月龙羊峡水库下闸蓄水后，与刘家峡水库联合调度运用，使黄河兰州站径流的年内分配发生了明显的变化，汛期径流量大幅下降，非汛期明显增加，兰州站汛期实测径流量占全年的比例由 1950～1986 年的 56.7% 下降为 1987～1997 年的 41.8%。黄河中游具有较大库容的水利枢纽有万家寨、三门峡和小浪底，特别是小浪底水库的投入运行，对黄河下游水资源年内分配无疑会产生很大的影响。黄河重要支流大型水库的修建和运行，如洛河的故县水库、伊河的陆浑水库等，必然会改变其下游的径流过程。总之，大型水利枢纽的调控作用，一些河段的水环境承载能力在时空分配上具有较强的可调节性。

1.3.4 应用受外界条件制约

水域纳污能力作为一种可利用资源，其利用受到国家环保和产业政策、沿岸经济发展状况、水资源开发利用水平，以及河道边界和纳污量实际分布等自然与社会条件的影响。因此，在某些功能区的水环境承载能力是不可利用的。分析黄河干流实际情况，一部分是现状水质较好占黄河总河长 6.3% 的黄河源头水自然保护区、万家寨调水水源地保护区内严格禁止与保护无关的开发利用活动，占黄河总河长 31.5% 的保留区、缓冲区原则上不能进行大规模的开发利用活动；另外，像晋陕峡谷、黄河下游悬河等河段由于受到自然条件约束，水资源开发利用率较低，部分功能区没有排污或不适宜于排污，这部分水体纳污能力暂时也是无法被利用的。

第 2 章　黄河水功能区及水质现状

2.1　水功能区

水功能区的概念于 20 世纪末正式界定，并于 2000 年在全国范围内开展区划工作。水功能区不仅是现阶段水资源保护规划中水域纳污能力核定、水污染物入河总量控制的基本单元，且将成为今后水资源保护监督管理的出发点和落脚点。同时在相关研究（如自净水量研究等）中也往往与此相关，为此，本章对黄河各河段水体功能进行简要分析，并对其水质现状进行评述。

水功能区是指为满足水资源合理开发和有效保护的需求，根据水资源的自然条件功能要求、开发利用现状，按照流域综合规划，水资源保护规划和经济社会发展要求，在相应水域按其主导功能划定并执行相应质量标准的特定区域。

2.1.1　水功能分析

2.1.1.1　龙羊峡大坝以上河段

黄河干流龙羊峡大坝以上河段（其中玛多以上为河源段）属高寒地区，人烟稀少，交通不便，开发条件较差，经济不发达。该地区主要在青海省境内，甘肃、四川两省所占面积较小。区内湖泊、沼泽较多，涵养调蓄水源作用大，是黄河天然来水的主要河段之一，且水质良好，为Ⅰ～Ⅱ类。该河段应加强生态环境保护和建设，严禁超载放牧，对河源区的水域、陆域严加保护，对玛多—龙羊峡河段的开发利用活动严格限制，为黄河保留一片净土、一段净水。

2.1.1.2　龙羊峡—刘家峡区间

该区间水能资源十分丰富，水电开发条件优越，目前已建成的龙羊峡、刘家峡大型水电工程，其发电装机容量为 128 万 kW 和 116 万 kW，设计年发电量分别为 59.4 亿 kWh 和 55.8 亿 kWh。还有在建的李家峡和规划建设的公伯峡、积石峡、寺沟峡水电工程等。

上述水电工程在取得巨大经济效益的同时，对黄河水资源的调节和调度起到重要作用。

2.1.1.3　刘家峡—五佛寺区间

该区间水力资源较丰富，开发条件较好。已建成的水电工程除刘家峡外，还有盐锅峡、八盘峡，发电装机容量分别为 39.6 万 kW 和 18.0 万 kW，年发电量分别为 21.7 亿 kWh 和 9.5 亿 kWh。另外，在建的大峡电站和规划建设的小峡、乌金峡水电工程等也将发挥重要作用。

该区间有黄河上游最大的工业城市——兰州及白银等工业重镇，以石油、化工、机械、有色金属等工业为主体。兰州炼油厂、兰州化学工业公司、白银有色金属公司是我国重要的大型骨干企业。黄河横穿兰州市区，是兰州市生活、工业的唯一水源，也是兰州市人民休闲娱乐的场所，沿岸建有滨河公园、白塔公园等。白银市从黄河取水供城市生活、工业用水。

兰州、白银等城市工业、生活污水直接或通过排污沟进入黄河，使城市河段水污染较为严重。白银市应加大工业废污水治理力度，兰州市应优化布设入河排污口，新建和扩建城市污水处理厂，改善该区间水环境质量，保证用水水质需求。

2.1.1.4 五佛寺—喇嘛湾区间

黄河纵贯宁夏，横跨内蒙古，黄河水浇灌了 107 万 hm^2 良田，孕育了著名的塞外江南——宁蒙河套平原，是西北地区的鱼米之乡。银川、呼和浩特两市分别是宁夏和内蒙古自治区的首府，是自治区政治、文化、经济中心。区间内煤炭、铁、稀土等矿藏丰富，包头市是我国钢铁生产基地之一，石嘴山、乌海市是著名的煤炭基地，机械、化工、电力、造纸等工业也比较发达。

呼和浩特、包头和东胜等市及包钢、达电、托电等大型企业目前或规划从黄河取水用于生活和工业。黄河是该区间城镇生活、工业和农业的重要水源，水功能需求具有多方面的特点。

该区间大量工业和生活污水、农灌退水排入黄河，对黄河水质产生较大影响，尤其是宁蒙交界的石嘴山—乌海河段，大量未经处理的工业废水直接排入黄河，使该河段水质常年处于Ⅳ类或Ⅴ类。目前该区间黄河水质不能满足社会经济发展对水功能的需求。灌区应推广节水技术，降低灌溉定额，减少引黄水量，合理使用农药、化肥，改善退水水质；石嘴山—乌海河段水体污染严重，由污染引起的自治区间的矛盾突出，两市应加大废污水处理力度，改善该段黄河水质；包头河段取水口与排污口交叉分布，包头市应在加强水污染防治工作的同时，调整取水口与排污口的相对位置。

2.1.1.5 万家寨—龙门区间

该区间是黄河干流上最长的一段连续峡谷，水能资源丰富，并且距电力负荷中心较近，是黄河上第二个水电基地。区间有著名的准格尔煤田、神府煤田，石油、天然气等资源也十分丰富。工业主要以煤炭、电力、铝业、化工为主。随着开发力度的加大，规划中的古贤、碛口水利工程的建设，水资源开发利用程度将有所提高。万家寨水利枢纽工程担负向山西太原、朔州、大同等城市的调水任务，其水质要求较高，对万家寨水库水环境应严加保护。

2.1.1.6 龙门—小浪底大坝区间

该区间是晋、陕、豫三省交界地带，汾河、渭河等主要支流在这里相继汇入，区内有三门峡和小浪底水利枢纽工程，两水库联合调度运用，对下游的防洪、防凌、减淤及水资源利用将起很大作用。

该河段水资源开发利用程度较高，三门峡、义马、河津、韩城及山西铝厂、三门峡西电厂均以黄河为生活和工业供水水源。洛阳、新安、吉利等城镇亦规划由小浪底水库取水。东雷、浪店、大禹渡等大型提水工程位于龙门—三门峡河段，是陕西渭南、山西运城地区重要的农灌供水工程。

该区间工业较为发达，有韩城、河津、潼关、三门峡、义马等城镇，工业主要以煤炭、电力、有色金属为主。由于该区间汇入黄河的大部分支流如汾河、涑水河、渭河水质较差，加之沿黄城镇工业、生活污水的排入，致使黄河水质常年处于Ⅴ类或劣于Ⅴ类，尤其是省界潼关河段水质全年50%以上的时段劣于Ⅴ类，对下游黄河水质影响很大，如1999年初黄河中下游大范围的水污染事件，即源于该河段，对下游河南、山东沿黄城镇供水造成极大威胁，引起国务院的高度重视。该区段必须加强综合治理，提高水资源质量，满足人民生活及工农业发展的需要。

2.1.1.7　小浪底大坝—垦利区间

该区间是下游沿黄郑州、新乡、开封、濮阳、济南、滨州、东营等市（地）生活及工农业的供水水源，并向河北、天津、青岛、淄博等流域外调水，水资源开发利用程度较高，区间工农业较为发达，工业以石油、化工、机械、电子、纺织等为主，沿黄平原是我国主要的商品粮基地。

城市生活及农业用水对水资源质和量的需求，构成了该河段水功能需求的特点。

该区间水资源量和质的供需矛盾都很突出。20世纪90年代以来，黄河下游断流情况十分严重，水质状况较差，更加剧了水资源的供需矛盾。合理配置和保护水资源，协调生活、生产和生态用水，保证两岸社会经济的可持续发展，将是今后长期的任务。

2.1.1.8　垦利—入海口区间

该区间位于山东省东营市境内，东营市已被国务院批准为沿海经济开放城市。区内有我国第二大油田——胜利油田和我国唯一的国家级三角洲湿地生态自然保护区，保护对象为新生湿地生态系统，珍稀、濒危鸟类，三角洲植被覆盖率为53.7%，各种动植物达1 917种。黄河是东营市和胜利油田的唯一水源，该区间黄河应具有向城市生活、工业供水和保护生态环境用水功能。

2.1.2　水功能区

依据“中国水功能区划（试行）”，黄河干流划分了18个一级区（见表2-1），其中保护区2个，河长343 km，占黄河干流河长的6.3%；保留区2个，河长1 458.2 km，占黄河干流河长的26.7%；开发利用区10个，河长3 398.3 km，占黄河干流河长的62.2%；缓冲区4个，河长264.1 km，占黄河干流河长的4.8%。

黄河干流的10个开发利用区共划分了50个二级功能区（见表2-1），其中饮用水水源区14个，河长1 033.2 km，占黄河开发利用区河长的30.4%；工业用水区3个，河长253.2 km，占开发利用区河长的7.4%；农业用水区12个，河长1 327.2 km，占开发利用区河长的39.1%；渔业用水区6个，河长478.3 km，占开发利用区河长的14.1%；景观娱乐用水区1个，河长15.1 km，占开发利用区河长的0.4%；过渡区7个，河长168.6 km，占开发利用区河长的5.0%；排污控制区7个，河长122.7 km，占开发利用区河长的3.6%。

表2-1　黄河干流水功能区划一览表

一级功能区名称	二级功能区名称	起始断面	终止断面	长度(km)	水质目标
黄河玛多源头水保护区		河源	黄河沿水文站	270.0	Ⅱ
黄河青甘川保留区		黄河沿水文站	龙羊峡大坝	1 417.2	Ⅱ
黄河青海开发利用区	黄河李家峡农业用水区	龙羊峡大坝	李家峡大坝	102.0	Ⅱ
	尖扎循化农业用水区	李家峡大坝	清水河入口	126.2	Ⅱ

续表 2-1

一级功能区名称	二级功能区名称	起始断面	终止断面	长度(km)	水质目标
黄河青甘缓冲区		清水河入口	朱家大湾	41.5	Ⅱ
黄河甘肃开发利用区	刘家峡渔业饮用水源区	朱家大湾	刘家峡大坝	63.3	Ⅱ
	盐锅峡渔业工业用水区	刘家峡大坝	盐锅峡大坝	31.6	Ⅱ
	八盘峡渔业农业用水区	盐锅峡大坝	八盘峡大坝	17.1	Ⅱ
	兰州饮用工业用水区	八盘峡大坝	西柳沟	23.1	Ⅱ
	兰州工业景观用水区	西柳沟	青白石	35.5	Ⅲ
	兰州排污控制区	青白石	包兰桥	5.8	
	兰州过渡区	包兰桥	什川吊桥	23.6	Ⅲ
	皋兰农业用水区	什川吊桥	大峡大坝	27.1	Ⅲ
	白银饮用工业用水区	大峡大坝	北湾	37.0	Ⅲ
	靖远渔业工业用水区	北湾	五佛寺	159.5	Ⅲ
黄河甘宁缓冲区		五佛寺	下河沿	100.6	Ⅲ
黄河宁夏开发利用区	青铜峡饮用农业用水区	下河沿	青铜峡水文站	123.4	Ⅲ
	吴忠排污控制区	青铜峡水文站	叶盛公路桥	30.5	
	永宁过渡区	叶盛公路桥	银川公路桥	39.0	Ⅲ
	陶乐农业用水区	银川公路桥	伍堆子	76.1	Ⅲ
黄河宁蒙缓冲区		伍堆子	三道坎铁路桥	81.0	Ⅲ
黄河内蒙古开发利用区	乌海排污控制区	三道坎铁路桥	下海渤湾	25.6	
	乌海过渡区	下海渤湾	磴口水文站	28.8	Ⅲ
	三盛公农业用水区	磴口水文站	三盛公大坝	54.6	Ⅲ
	巴彦淖尔盟农业用水区	三盛公大坝	沙圪堵渡口	198.3	Ⅲ
	乌拉特前旗排污控制区	沙圪堵渡口	三湖河口	23.2	
	乌拉特前旗过渡区	三湖河口	三应河头	26.7	Ⅲ
	乌拉特前旗农业用水区	三应河头	黑麻淖渡口	90.3	Ⅲ
	包头昭君坟饮用工业用水区	黑麻淖渡口	西流沟入口	9.3	Ⅲ
	包头昆都仑排污控制区	西流沟入口	红旗渔场	12.1	
	包头昆都仑过渡区	红旗渔场	包神铁路桥	9.2	Ⅲ
	包头东河饮用工业用水区	包神铁路桥	东兴火车站	39.0	Ⅲ
	土默特右旗农业用水区	东兴火车站	头道拐水文站	113.1	Ⅲ
黄河托克托缓冲区		头道拐水文站	喇嘛湾	41.0	Ⅲ

续表 2-1

一级功能区名称	二级功能区名称	起始断面	终止断面	长度(km)	水质目标
黄河万家寨调水水源保护区		喇嘛湾	万家寨大坝	73.0	Ⅲ
黄河晋陕开发利用区	天桥农业用水区	万家寨大坝	天桥大坝	96.6	Ⅲ
	府谷保德排污控制区	天桥大坝	孤山川入口	9.7	
	府谷保德过渡区	孤山川入口	石马川入口	19.9	Ⅲ
	碛口农业用水区	石马川入口	回水湾	202.5	Ⅲ
	吴堡排污控制区	回水湾	吴堡水文站	15.8	
	吴堡过渡区	吴堡水文站	河底	21.4	Ⅲ
	古贤农业用水区	河底	古贤	186.6	Ⅲ
	壶口景观用水区	古贤	仕望河入口	15.1	Ⅲ
	龙门农业用水区	仕望河入口	龙门水文站	53.8	Ⅲ
黄河三门峡水库开发利用区	渭南运城渔业农业用水区	龙门水文站	潼关水文站	129.7	Ⅲ
	三门峡运城渔业农业用水区	潼关水文站	何家滩(黄淤 20 断面)	77.1	Ⅲ
	三门峡饮用工业用水区	何家滩(黄淤 20 断面)	三门峡大坝	33.6	Ⅲ
黄河小浪底水库开发利用区	小浪底饮用工业用水区	三门峡大坝	小浪底大坝	130.8	Ⅱ
黄河河南开发利用区	焦作饮用农业用水区	小浪底大坝	孤柏嘴	78.1	Ⅲ
	郑州新乡饮用工业用水区	孤柏嘴	狼城岗	110.0	Ⅲ
	开封饮用工业用水区	狼城岗	东坝头	58.2	Ⅲ
黄河豫鲁开发利用区	濮阳饮用工业用水区	东坝头	大王庄	134.6	Ⅲ
	菏泽工业农业用水区	大王庄	张庄闸	99.7	Ⅲ
黄河山东开发利用区	聊城工业农业用水区	张庄闸	齐河公路桥	118.0	Ⅲ
	济南饮用工业用水区	齐河公路桥	梯子坝	87.3	Ⅲ
	滨州饮用工业用水区	梯子坝	王旺庄	82.2	Ⅲ
	东营饮用工业用水区	王旺庄	西河口	86.6	Ⅲ
黄河河口保留区		西河口	入海口	41.0	Ⅲ

2.2 黄河水质现状评价

2.2.1 评价因子

选取 pH、溶解氧(DO)、高锰酸盐指数(COD_{Mn})、生态需氧量(BOD_5)、化学需氧量(COD)、氨氮、砷化物、挥发酚等 8 项参数作为评价因子。

2.2.2 评价标准

评价标准采用《地表水环境质量标准》(GB 3838—2002)。

2.2.3 评价时段

收集2002 年 11 月 ~2006 年 12 月中主要水质断面的监测资料,分水期进行评价。评价时段分为丰水高温期(7 ~ 10 月)、枯水低温期(11 月 ~ 翌年 2 月)、枯水农灌期(3 ~ 6 月)、2002 年 11 月 ~2006 年 12 月 4 个时段。

2.2.4 评价方法

单因子法[2]:将每个断面各评价因子不同评价时段的算数平均值与评价标准比较,确定各因子的水质类别,其中的最高类别即为该断面不同时段的综合水质类别。

2.2.5 评价结果

2.2.5.1 水质断面评价结果

评价河段全长 3 452.4 km,评价黄河干流水质断面 33 个、重点支流入黄水质断面 9 个。重要断面水质评价结果见表 2-2。

(1)丰水高温期。水质符合Ⅱ类标准的占干流评价断面的 14.3%,符合Ⅲ类标准的占 28.6%,符合Ⅳ类标准的占 35.7%,符合Ⅴ类标准的占 14.3%,劣于Ⅴ类标准的占 7.1%。

(2)枯水低温期。水质符合Ⅱ类标准的占干流评价断面的 7.1%,符合Ⅲ类标准的占 10.7%,符合Ⅳ类标准的占 42.9%,符合Ⅴ类标准的占 21.4%,劣于Ⅴ类标准的占 17.9%。

(3)枯水农灌期。水质符合Ⅱ类标准的占干流评价断面的 10.7%,符合Ⅲ类标准的占 35.7%,符合Ⅳ类标准的占 21.4%,符合Ⅴ类标准的占 17.9%,劣于Ⅴ类标准的占 14.3%。

(4)全年。水质符合Ⅱ类标准的占干流评价断面的 7.1%,符合Ⅲ类标准的占 35.7%,符合Ⅳ类标准的占 28.6%,符合Ⅴ类标准的占 14.3%,劣于Ⅴ类标准的占 14.3%。

表 2-2　黄河水质断面水质评价结果

断面	评价时段	水质类别	污染因子	氨氮超Ⅲ类倍数	COD 超Ⅲ类倍数	COD_{Mn}超Ⅲ类倍数
下河沿	全年	Ⅲ				
	丰水高温期	Ⅲ				
	枯水低温期	Ⅲ				
	枯水农灌期	Ⅲ				
石嘴山	全年	Ⅴ	氨氮、COD、COD_{Mn}、BOD_5	0.41	0.85	0.19
	丰水高温期	Ⅴ	COD、COD_{Mn}、BOD_5		0.68	0.05
	枯水低温期	Ⅴ	氨氮、COD、COD_{Mn}、BOD_5	0.79	0.89	0.28
	枯水农灌期	Ⅴ	氨氮、COD、COD_{Mn}、BOD_5	0.78	0.97	0.23
三湖河口	全年	Ⅳ	氨氮、COD、COD_{Mn}、挥发酚	0.14	0.29	0.13
	丰水高温期	Ⅳ	COD、挥发酚		0.17	
	枯水低温期	Ⅴ	氨氮、COD、COD_{Mn}、挥发酚	0.68	0.05	0.24
	枯水农灌期	Ⅴ	氨氮、COD、COD_{Mn}、挥发酚	0.28	0.51	0.30
昭君坟	全年	Ⅳ	氨氮、COD、COD_{Mn}	0.09	0.30	0.07
	丰水高温期	Ⅳ	COD		0.24	
	枯水低温期	Ⅴ	氨氮、COD、COD_{Mn}、BOD_5	0.56	0.24	0.11
	枯水农灌期	Ⅳ	氨氮、COD、COD_{Mn}	0.22	0.44	0.25
头道拐	全年	Ⅴ	氨氮、COD、COD_{Mn}	0.50	0.27	0.05
	丰水高温期	Ⅳ	COD、COD_{Mn}		0.33	0.04
	枯水低温期	Ⅴ	氨氮、COD	0.94	0.04	
	枯水农灌期	Ⅴ	氨氮、COD、COD_{Mn}	0.89	0.46	0.18
龙门	全年	Ⅲ				
	丰水高温期	Ⅱ				
	枯水低温期	Ⅳ	氨氮	0.07		
	枯水农灌期	Ⅲ				
三门峡	全年	Ⅴ	氨氮、COD、COD_{Mn}	0.99	0.07	0.15
	丰水高温期	Ⅴ	氨氮	0.51		
	枯水低温期	劣Ⅴ	氨氮、COD、COD_{Mn}	1.41	0.22	0.35
	枯水农灌期	劣Ⅴ	氨氮、COD、COD_{Mn}、BOD_5	1.00	0.03	0.10
花园口	全年	Ⅳ	COD		0.27	
	丰水高温期	Ⅳ	COD		0.14	
	枯水低温期	Ⅳ	氨氮、COD	0.10	0.49	
	枯水农灌期	Ⅳ	氨氮、COD	0.03	0.16	
高村	全年	Ⅲ				
	丰水高温期	Ⅲ				
	枯水低温期	Ⅳ	氨氮、COD_{Cr}	0.05	0.15	
	枯水农灌期	Ⅲ				
利津	全年	Ⅲ				
	丰水高温期	Ⅳ	石油类			
	枯水低温期	Ⅳ	COD		0.04	
	枯水农灌期	Ⅲ				

总体上来看，石嘴山、三门峡断面污染最为严重，全年都是劣于Ⅴ类水质，其次是宁蒙河段三湖河口、昭君坟、头道拐、花园口等断面，全年水质均为劣于Ⅳ类水质。可以说黄河水体已受到COD、氨氮、BOD_5、COD_{Mn}等有机类污染物污染，其中尤以COD、氨氮两个因子最为突出。

2.2.5.2 主要污染物沿程变化分析

选取氨氮、COD、高锰酸盐指数3个水质参数，绘制沿程浓度变化曲线，见图2-1～图2-3。

1）氨氮

丰水高温期、枯水低温期、枯水农灌期、全年变化趋势相近。从下河沿到石嘴山呈上升趋势；石嘴山到三湖河口呈缓慢下降趋势；三湖河口到头道拐呈缓慢上升趋势；头道拐至龙门呈下降趋势；龙门到潼关急剧上升，至潼关到达最高点；潼关到三门峡陡降；小浪底以下呈缓慢下降趋势，直至利津。详见图2-1。

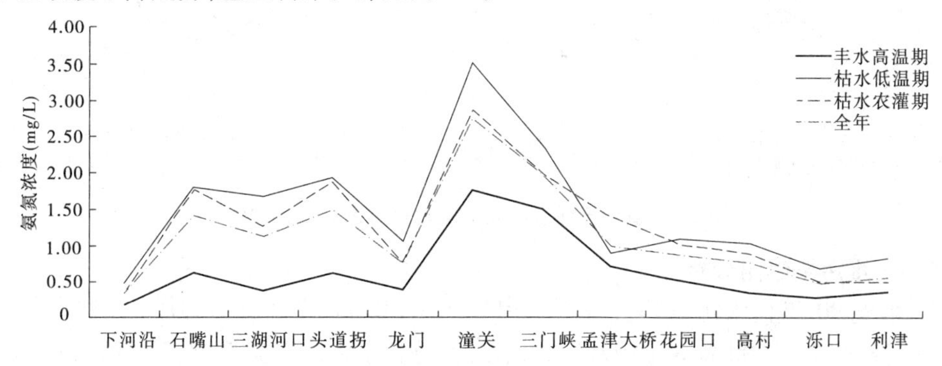

图2-1 黄河不同水期氨氮浓度沿程变化曲线

2）COD

丰水高温期、枯水低温期、枯水农灌期、全年变化趋势相近。从下河沿至石嘴山呈上升趋势；石嘴山至三湖河口呈下降趋势；三湖河口至头道拐变化趋势较为平缓；头道拐至龙门呈下降趋势；龙门至潼关呈上升趋势；潼关至三门峡呈下降趋势；三门峡至小浪底呈上升趋势；小浪底至高村呈下降趋势；高村以下变化趋势较为平缓。详见图2-2。

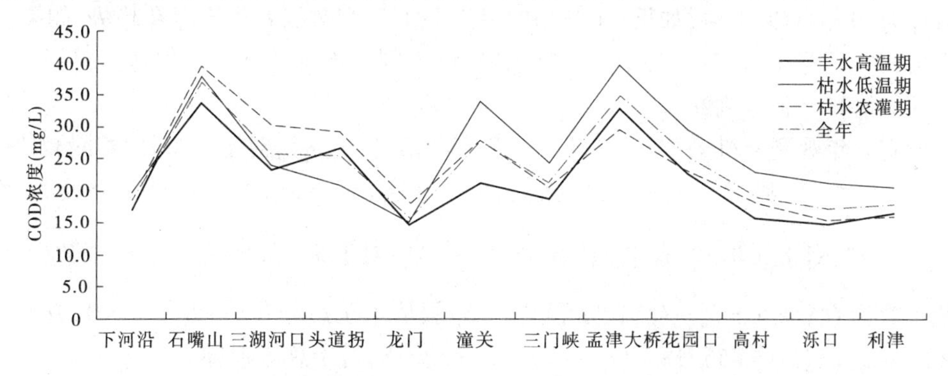

图2-2 黄河不同水期COD浓度沿程变化曲线

3) 高锰酸盐指数

枯水低温期、枯水农灌期、全年变化趋势相近。下河沿到石嘴山呈上升趋势；石嘴山至头道拐变化趋势较为平缓；石嘴山至龙门变化呈下降趋势；龙门至潼关呈上升趋势，至潼关到达最高点；潼关至花园口呈下降趋势；花园口以下变化趋势较为平缓。丰水高温期，下河沿到三湖河口变化趋势与其他水期相同，三湖河口至头道拐呈上升趋势；头道拐至龙门呈下降趋势；龙门至潼关呈上升趋势；潼关至三门峡变化趋势平缓；三门峡至小浪底呈上升趋势；花园口以下变化趋势与其他水质参数基本相同。详见图 2-3。

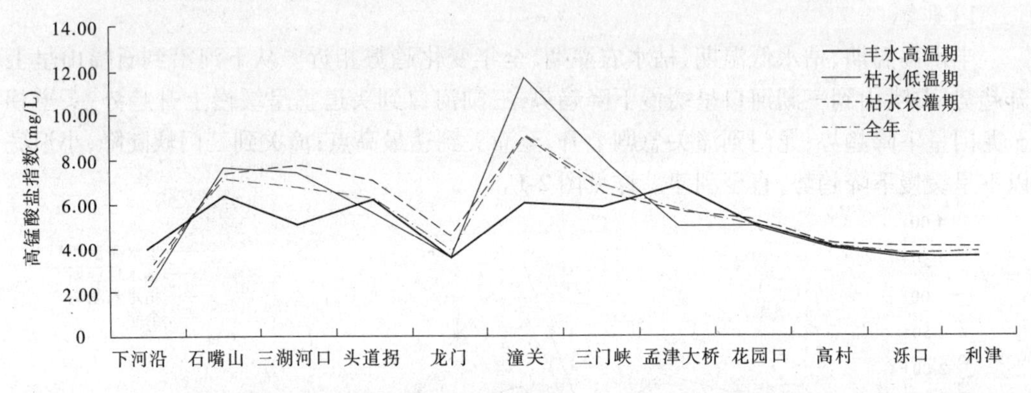

图 2-3　黄河不同水期高锰酸盐指数沿程变化曲线

2.2.5.3　水污染趋势分析

20 世纪 90 年代水污染趋势分析采用肯达尔(Kendall)非参数检验法(肯达尔 τ 检验)。选择 1993～2000 年 8 年的水质数据系列，分析了黄河干流兰州、下河沿、石嘴山、三湖河口、昭君坟、头道拐、龙门、潼关、三门峡、花园口、高村、利津 12 个代表性监测断面的水质参数变化趋势。

在此所用肯达尔 τ 检验实为季节性肯达尔 τ 检验，即对同一个监测断面不同年相同月之间水质资料的肯达尔 τ 检验，其零假设为数组$(x_1, x_2, x_3, \cdots, x_n)$是 n 个相互独立和分布相同的随机变量组成的样本。在检验中，按时间序列比较各数组，如果后面的值高于前面的值计为"+"号；如果后面的值低于前面的值计为"-"号；如果后面的值等于前面的值计为"0"。直观上讲，如果"+"号和"-"号相等，则数据系列不存在趋势；如果"+"号个数比"-"号个数多得多，则为上升趋势，反之则为下降趋势。确切地要根据下面计算出的 τ 值和 P 值来判断。

设有 n 年观测资料 $x_{ij}(i=1,2,3,\cdots,12; j=1,2,3,\cdots,n)$，对于每个月，非漏测值的个数为 $n_i(n_i \leqslant n)$，则第 i 月得到数据之间的差值$(x_{ij}-x_{kj}, 1 \leqslant k < j)$个数为 $M_i = n_i(n_i-1)/2$，对于 n 年 12 个月总体有 $M = \sum_{i=1}^{12} M_i$；对于第 i 月来说，正差值个数为 P_i，负差值个数为 Q_i，令 $S_i = P_i - Q_i$，在零假设下，S_i 服从于正态分布，则 $E(S_i)=0$，方差 $V_i = n_i \times (n_i-1) \times (2n_i+5)/18 - (t_l-1) \times (2_{t_i}+5)/18$，对于总体则有

$$S = \sum_{i=1}^{12} S_i$$

$$V = \sum_{i=1}^{12} n_i(n_i - 1)(2n_i + 5)/18 - \sum_{l=1}^{r} t_l(t_l - 1)(2t_l + 5)/18$$

式中　n_i——n 年水质系列中第 i 月非漏测值个数；

r——n 年水质系列中有相同值的个数；

t_l——l 组中相同值的个数。

肯达尔发现，当 $n \geqslant 10$ 时，S 也很好地服从正态分布，并且标准方差的修正式为：

$$Z = \begin{cases} (V-1)/V^{1/2} \\ 0 \\ (V-1)/V^{1/2} \end{cases}$$

在趋势检验中，如果 $Z \leqslant Z\alpha/2$（$Z\alpha/2$ 为判断临界值，α 为检验的显著性水平），则应接受假设，这里 $FN(Z\alpha/2) = \alpha/2$，FN 为标准正态分布函数，即

$$FN = \frac{1}{\sqrt{2\pi}}\int_{|Z|}^{\infty} e^{-\frac{T^2}{2}}dt \qquad P = \frac{1}{\sqrt{2\pi}}\int_{|Z|}^{\infty} e^{-\frac{T^2}{2}}dt \qquad \tau = \frac{S}{M}$$

根据 P 值和 τ 值即可判断水质系列变化趋势。规定显著性水平取 0.1，当 $P \leqslant 0.1$ 时，如果 $\tau > 0$，则说明具有显著上升趋势；反之，说明具有显著下降趋势；当 $\tau = 0$ 或 $P > 0.1$，说明无趋势。

如果水质系列具有上升和下降变化趋势，其每年变化速度可用季节性肯达尔检验的斜率来估计。季节性肯达尔检验的斜率定义为：在进行肯达尔检验中，被比较的有序数组的差值除以年序列数的中值。对所有的 X_{ij}，计算 $D_{ijk} = (X_{ij} - X_{ik})/(j-k)$，$D_{ijk}$ 构成数组称 $D(N)$，斜率计算公式为

$$B = \begin{cases} D'(\frac{N}{2}) & \text{当 } N \text{ 为奇数时} \\ \frac{1}{2}\left[D'(\frac{N}{2}) + D'(\frac{N}{2}+1)\right] & \text{当 } N \text{ 为偶数时} \end{cases}$$

式中　B——斜率；

$D(N)$——有序数组；

$D'(N)$——从小到大排列的 $D(N)$。

黄河干流兰州以下河段 12 个水质监测断面水污染变化趋势肯达尔检验见表 2-3。

黄河干流兰州以下 12 个水质监测断面中，氨氮有 9 个断面呈上升趋势，兰州、龙门、潼关 3 个断面无趋势；COD_{Mn} 有 8 个断面呈显著上升趋势，石嘴山、利津 2 个断面无趋势，下河沿、花园口 2 个断面呈下降趋势；BOD_5 有 5 个断面呈上升趋势，三门峡呈下降趋势，兰州、三湖河口、龙门、潼关 4 个断面无趋势；总硬度有 9 个断面呈上升趋势，仅兰州、下河沿、石嘴山 3 个断面无趋势；溶解氧有 4 个断面呈上升趋势，6 个断面无趋势，仅龙门、三门峡呈下降趋势；挥发酚有 2 个断面呈上升趋势，仅兰州一个断面呈下降趋势，9 个断面无趋势；镉仅石嘴山一个断面呈上升趋势，4 个断面呈下降趋势，7 个断面无趋势；氯化物有 7 个断面呈上升趋势，3 个断面无趋势。

综上所述，1993～2000 年间，黄河干流下河沿以下河段各监测断面水污染均有上升趋势，其中石嘴山、头道拐、龙门、潼关、三门峡、花园口、高村、泺口断面水污染加重速度相

对较快。

表 2-3　黄河主要水质断面水污染趋势分析

断面名称	污染因子变化趋势							
	总硬度	COD_{Mn}	BOD_5	氨氮	DO	挥发酚	镉	氯化物
兰州	→	↑	→	→	↑	↓	→	↑
下河沿	→	↓	↑	↑	→	→	→	→
石嘴山	→	→	↑	↑	→	→	↑	→
三湖河口	↑	↑	→	↑	→	→	↓	↑
昭君坟	↑	↑		↑	→	→	↓	
头道拐	↑	↑	↑	↑	→	↑	→	↑
龙门	↑	↑	→	→	↓	→	→	↑
潼关	↑	↑	→	→	→	↑	→	↑
三门峡	↑	↑	↓	↑	↓	→	→	↑
花园口	↑	↓	↑	↑	↑	→	→	↑
高村	↑	↑		↑	↑	→	↓	
利津	↑	→	↑	↑	↑	→	↓	→

注：↑代表上升趋势，↓代表下降趋势，→代表无趋势。

2.2.6　黄河有毒有机物调查

有毒有机物一般是指通过它的本身及其化学组成对其周围的生物生命或人体健康造成危险的有机化合物。国内外的统计资料显示，水源水中对饮用水安全危害最大的污染物主要来自于有毒有机物。

黄河流域重点水源地检出的有毒有机物的种类主要为一些半挥发性有机物和不挥发性有机物[17]，由于黄河上、中游城市工业结构不同，干流各重点水源地断面检出的主要有毒有机物类型也不同。其中，有机酸及酯类、酞酸酯类、烃类和酚类污染物检出率较高，兰州河段以石油、化工、电力、机械、冶金、煤炭等工业为主，该河段存在的主要有毒有机物种类为烃类、多环芳烃类、酚类和酞酸酯类等；包头河段主要以采矿、冶金、焦化、化工、炼油、机械制造等为主，该河段存在的主要为苯系物、多环芳烃类和酞酸酯类等；花园口河段有毒有机物主要为支流排入黄河，由于水体中大量泥沙的吸附作用，该河段为苯系物、酚类、多环芳烃类等，检出率较低。

依据河流水文特性和污染物排放特征以及实际情况，黄河流域水环境监管中心在2005年6月(代表平水期)、8月(代表丰水期)和12月(代表枯水期)对黄河不同河段苯系物、多环芳烃类(主要为屈、菲和萘)以及挥发性卤代烃类化合物进行了调查。不同时期监测结果如下：

(1)丰水期(8月份)，黄河重点水源地苯系物、多环芳烃类以及挥发性卤代烃类化合物均未检出。

(2)平水期(6月份),苯系物有不同程度的检出,多环芳烃类检出率较高,挥发性卤代烃类化合物未检出。

(3)枯水期(12月份),苯系物检出率较高,多环芳烃类和挥发性卤代烃类化合物均未检出。

根据对苯系物、多环芳烃类以及挥发性卤代烃类化合物的定量分析结果,参照相关标准对各类污染物的污染状况进行了评价,不同有机物监测结果如下:

(1)苯系物,苯系物中各物质的检出率由高到低依次为:对二甲苯、邻二甲苯、甲苯、乙苯和苯、异丙苯在各断面中均未检出;苯系物中的甲苯、乙苯和二甲苯的检出率较高,但其含量均不高,符合水源地使用功能的要求,苯的检出率虽然不高,但在12月份的调查中兰州新城桥断面含量已接近《地表水环境质量标准》(GB 3838—2002)规定的标准限值。

(2)多环芳烃类的屈、菲和萘的检出率分别为33.3%、33.3%和20.0%。

(3)挥发性卤代烃类化合物未检出。

总体来看,黄河有毒有机物含量水平较低,基本能够满足有关标准的要求。因此,本次对此类物质不作为自净水量研究对象。

第3章 黄河水域纳污能力设计条件研究

3.1 自净水量研究综述

3.1.1 自净水量研究现状

3.1.1.1 国内外研究现状

1）国外研究

国外对自净需水的研究大多包含在河道内环境需水量的研究中，很少见到单独的定义和研究成果。而且，国外对环境需水的研究也是从整合性角度进行分析，除了要满足河流的排水纳污功能外，还要考虑满足河流的航运、娱乐、鱼类和野生动物保护以及景观用水需求等。在具体计算中，也通常将自净需水量包含到环境需水量中，将环境需水量作为一个整体进行计算，计算方法有标准流量法、水力学法等[18~21]。

2）国内研究

（1）概念及内涵的界定。

在国内，随着河流水污染的加重，自净需水量问题逐渐被人们所关注，并成为讨论和研究的热点问题之一。但到目前为止，国内的研究对自净需水量的概念与内涵尚未有统一的定义，不同学者众说纷纭。

王巧丽[22]认为，维持河流水体具有一定自净能力所需水量，即自净环境需水量，具体内涵是：河流水质被污染，将使河流的生态环境功能遭受直接的破坏，因此河道内必须留有一定的水量来维持水体的自净功能，保证河流水质达标。

张代青[23]的研究中，与自净需水量有关的定义是保持河流水质需水量，指的是以保持河流水质为目标的河流生态环境需水量，也即维持河流水沙和水盐等平衡的需水量，由河流输沙需水量、防止海水入侵及稀释自净的河道最小流量组成。

倪海深[24]认为，河道生态环境需水量为河道蒸发损失量、河道渗漏损失量、河道基础流量三部分之和，而根据他给出的计算公式，河道基础流量是用合理的污水排放量作为限制条件的，实际反映了环境的纳污能力，事实上他计算的河道基础流量就是河道自净稀释需水量。他还对合理的污水排放量作出了进一步的注释，是指理论上可以利用并尽可能合理利用之后不得不排放的达到国家或地方水污染物排放标准的污水量。

王西琴[25]将自净稀释需水量定义为河道最小环境需水量，认为河道最小环境需水量所要满足的环境功能主要包括：①保持水体一定的稀释能力；②保持水体一定的自净能力。要求全年各个时段都要有相应的水量保证，来维持河流基本的污染净化功能。

阳书敏[26]认为，南方季节性缺水河流的生态环境需水即要求年内各时段尤其是枯水时段的流量均维持在某一阈值之上，即环境基流量。环境基流量是指为改善河流生态环境质量或维护其质量不至于进一步下降所需的最少水量和在这一水量下能够容纳的最差水质，是针对水质而言的，也称最小环境需水量。环境基流量的重要作用是利用水体对污染物的稀释自净功能，保护河流水资源，以满足各种功能对水质的要求。

方辉[27]在对中东河的环境需水研究中，根据中东河纳污和自净能力相对较差以及地下水位较高的特点，认为中东河的环境需水量主要是河道基流，即以河流稀释和自净作为主要环境功能的河道最小环境需水量，也称为河道水污染防治需水量。

宋进喜[28]认为，从维护水域生态平衡的角度出发，利用河流水体通过对污染物的自净功能来保护和改善河流水体水质，确保水体满足部分生态环境功能要求，天然河道中需要保持的最小水量，即河道自净需水量。

王礼先[29]则认为，治理水污染主要应从控制污染源入手，不能依靠增加环境用水来实现，因此环境需水量不应包括自净稀释水量；姜德娟[30]同意这种观点，认为在水资源紧缺地区，需要依据河流生态用水量和河流水质标准确定污水的最大排放量，而不应该反过来根据现状排污量决定河道内环境用水量。

（2）主要计算方法。

国内对自净需水量计算方法的研究，也比较多见。王西琴[25]等提出了一种适用于污染较严重河流的河道最小环境需水量确定方法，称为段首控制法，并以黄河的支流渭河为例，概算了渭河 4 个断面及其干流现状年与不同水文年的河道最小环境需水量；阳书敏[26]认为南方季节性缺水河流宜采用 BOD－DO 水质数学模型（Thomas 水质数学模型）计算河流的环境基流量；罗华铭[31]等采用对应的近 10 年最枯月平均流量作为河流最小污染防治需水量；王西琴[32]等提出的环境功能设定法，即根据河流的稀释、自净等环境功能，设定合理的河道环境需水量。该法优点是将河流水量与水质保护相结合，缺点是根据污染排放浓度确定流量，结果往往偏大。宋进喜[28]从满足河流水质要求出发，以地面水环境质量标准为目标，依托一维水质模型，建立了河道自净需水量计算方法，并应用该方法分达标排污和现状排污两种情况对渭河（陕西段）河道自净需水量做了计算。

3.1.1.2　对比分析

自净需水是针对社会经济发展造成的过度排污与河流水功能保护不相协调这一问题提出来的概念。目前出现了河道基础流量、环境基流量、自净环境需水量、河道自净需水量、河道最小环境需水量、保持河流水质需水量、河流最小污染防治需水量等多个概念。

总体来看，因研究对象的性质和特点的不同，不同的学者使用不同的概念并给予了不同的界定，但对自净需水的内涵认识却基本大同小异，对自净需水研究的重要性认识比较一致，计算方法大都围绕水质目标要求，但在污染因子选择、模型及计算控制单元方面存在不同。

（1）随着我国由于水质问题而造成的水资源供需矛盾越来越突出，以及人们环境意识和对生存质量要求的逐渐提高，有关学者和管理层都认为越来越有必要开展为改善水质所需要的自净需水量研究。自净需水量是一个水资源管理层面的概念，开展自净需水量研究可以为指导社会经济发展和水资源优化配置提供技术支持。

（2）有关研究中对自净内涵的理解基本一致，都认为污染自净需水量是维持水体一定的稀释和自净能力，使水体满足一定的水质与使用功能所需要的水量和水量过程。

(3)基于目前人们对水环境变化规律认知程度，目前水体自净水量计算方法可以归结为两种：以水文数据统计－水环境功能分析的历史流量法或水功能为目标以合理排污为输入条件的水质模型。①环境基流法。即根据水量保证率所确定的流量，主要针对水质较好的水域。包括美国采用的7Q10法和我国的近10年最枯月平均流量法等。②环境功能法。即根据河流水体的纳污量和水质目标所确定的水量。主要是基于目前我国水环境污染比较严重的具体情况而提出的。

3.1.1.3 存在问题

1)自净需水量概念及研究方法需要进一步明确

目前，虽然自净稀释需水量基本内涵大多数学者已经取得共识，但是对概念的定义还有待商榷，概念的内涵、特点和研究理念还有待进一步探讨。

2)水功能保护目标需要合理确定

不少研究者在应用环境功能法时，硬性要求河道内水质时时、处处达标，实际上由于水体存在污染物混合过程，不可能做到时时、处处达标。再者，要求河道内水质时时、处处达标，势必对排污构成极大的限制，也与我国现有的经济发展水平不相适应。

在具体研究自净需水量时，由于我国水环境大都以《地表水环境质量标准》中某一个水质类别作为拟定的保护目标，而水质类别又是一个相对准确的数值范围，因此大多数研究成果在确定水质保护目标数值时，不是取标准上限，就是取标准下限，没有与具体的河流实际水质和排污状况紧密结合。另外，目前大多数学者主要针对我国有机污染严重的现实，以COD、BOD、氨氮等因子作为计算因子，没有考虑到各研究区间的敏感程度、污染性质不同，需要筛选出典型污染物开展研究。

3)排污水平有待合理确定

目前，大多数学者在使用环境功能法确定自净需水量时，无外乎设定三种排污水平，即现状排放水平、可控水平和达标排放水平。由于现状排放水平下污染物排放量过大，计算得出的自净水量大都没有太大现实意义。另外，虽然计算分析了可控水平和达标排放水平，但是也仅仅只是被动地设定排污，没有与社会经济发展、区域排污、治污水平紧密结合和相互反馈。因此，自净水量研究应该通过在社会经济发展水平、排污水平以及污染控制水平深入研究的基础上，严格控制入河污染物量，使水资源在经济用水和环境用水之间得到优化配置，从而对社会工业布局和污水处理规模提供指导性意见，对水资源的优化配置提供科学依据。

4)面源问题尚未纳入

现有的成果基本上没有考虑面污染源汇入问题，但是由于面污染源的产生、入河规律十分复杂，如何将其纳入自净稀释需水量的研究之中，予以合理概化，目前仍属有待研究的棘手问题。

3.1.2 自净需水量概念及特性

3.1.2.1 自净需水量概念

天然河流系统是一个相对独立的水环境生态系统，系统内的水量、水质和生物三者相互联系，相互制约，共同构成了河流生态系统的主体。河流系统具有多种功能，概括地讲，通常包括生态功能、环境功能和资源功能。耿雷华[33]认为,河流的环境功能对现代人来说具有不可替代的重要意义,它不仅可产生供人类直接使用的水和生物资源,而且其通过保护和改善环境支持人类的生存与发展,其中河流的环境功能是对环境的支撑能力,反映河流的修复能力、纳污能力和净化能力。

水体自净[34]广义的概念是指受污染的水体由于物理、化学、生物等方面的作用,使污染物浓度逐渐降低,经一段时间后恢复到受污染前的状态;狭义的概念是指水体中微生物氧化分解有机污染物而使水质净化的作用。水体自净机理包括沉淀、稀释、混合等物理过程,氧化还原、分解化合、吸附凝聚等化学和物理化学过程以及生物化学过程,各种过程同时发生、相互影响,交织进行,以物理和生物化学过程占主要地位。水体自净能力是有限度的,这个限度就是水环境承载能力[35],即为维持水域水资源可持续利用、水生态良性循环的需要,重点是保障饮用水安全与人群健康的需要,水域在一定时段内主观能够承纳典型污染物的最大量。如果水体承纳的污染物超过了水环境承载能力,则水环境质量下降,并将对水生态系统造成影响和破坏。水环境承载能力的大小主要与水体水量以及水体对污染物的降解能力有关,影响水体自净过程的因素很多,包括水体的地形和水文条件、水中微生物的种类和数量、水温和复氧状况、污染物的性质和浓度等,通常在外界环境条件一定的情况下,水中污染物的降解能力基本稳定,所以水环境承载能力主要取决于水量,水量越大,对污染物的承纳能力越强。

河流水质一方面受制于河流接纳污染物的数量和种类等,同时也与河川径流条件密切相关,因此改善水质需要两方面共同努力,不应该片面地强调某一种属性,必须遵循生态学原理,以维持生态平衡为出发点,坚持生态与经济并重,最终达到发展经济的目的,其结果必须是符合客观实际的,具有可操作性。

钱正英[36]认为,保持河流的永续利用,根本的对策是通过建设高效、节水、防污型社会,节制社会经济用水,制止对水质的污染,切实保证河流的生态与环境需水。

因此,从维护水域生态平衡的角度出发,对接纳污染物的水体,维持一部分自净水量,以满足水体对污染物质一定量净化能力的需要,这是河流系统生态需水的重要组成部分。本研究认为维持在良好状态所需河川径流条件称为自净需水,其意含有满足水量和水质的双重概念。由于河流系统是一个包括人口、自然、经济三个要素相互作用、相互依赖,具有特定结构和功能的独立生态经济系统,其发展状态与所在流域的人类、自然、经济的发展息息相关。因此,只有建立在人口、自然和经济三个协调发展的原则上展开的生态环境需水研究,才能达到合理利用水资源、维持流域生态环境系统和社会经济的稳定可持续发展,以及保障和提高人民生活水平的目的。所以河流自净需水量的内涵应该是:在一定的时空范围内,为维持流域生态环境系统的良好状态,实现流域的人口、自然和经济三者的协调均衡发展,河流接纳合理污染物量所对应的必须蓄存的满足良好水质的最小水量及水量过程。这里的合理是指理论上可以利用并尽可能合理利用之后不得不排放的应最低达到国家或地方水污染物排放标准的废污水量。由于各研究水域水环境质量、河道状况、城镇分布、社会排污等因素的不同,自净水量差别较大,即使是同一片水域,由于使用功能的高低、不同时期排污的变化,自净需水量也会有所差别。

3.1.2.2　自净需水量特性

河流系统生态环境需水量是一个具有生态、环境和自然属性的概念，既反映了水生态系统的可持续性、水环境系统承受和恢复能力，又反映了水生态系统维持社会发展的能力，其量值是动态的，取决于自然水体功能、水资源数量和质量及时空分布特征，以及开发利用深度、排污状况、社会发展和技术水平、人类认识水平、社会文明进步等诸多因素。

(1)社会属性。前面提到的水环境承载(能)力，是一项人类自我设定的限制自我主观活动强度的阈值，受到人们对环境的认识和要求水平、环境技术发展水平、社会经济发展水平、环境保护和水资源保护政策、法规等管理水平诸多因素的影响，带有一定的人类主观色彩，因此具有一定的社会属性。

(2)空间地区性。在不同地区的水文、气象、下垫面条件下，其所在水体对污染物有着不同的物理、化学和生物自净能力，因而决定了自净需水量具有明显的地区性特征。

(3)时间动态性。一方面随着社会发展程度、环境保护要求和目标会逐渐提高，水域接纳污染物的量和种类会随着环保技术发展水平的提高逐渐减少，自净需水量亦会随之变化；另一方面受污染物自净规律的影响，不同季节、不同水温条件下，自净需水量会有一定差别。

(4)极限性。受水资源自然条件和人类社会发展因素的制约，主要包括流域水资源条件和水环境承载能力的约束，在某一具体的历史发展阶段和特定区域、特定时段，自净需水量具有最低的下限值。

(5)可控制性。可通过陆地植被等自然生态系统的恢复、水环境治理、水利工程的调节等工程措施，对自净需水进行调控，在保障防洪、供水安全和生态系统良性循环的前提下，可使自净需水量适度减少，以增加可利用的水资源量。

(6)不确定性。水环境涉及“自然－社会－经济－环境”这一复杂的巨大系统，大系统内部的结构因素之间的影响决定其具有不确定性。

3.1.2.3　主要影响因素分析

自净需水量受诸多因素的影响，主要包括：水资源自身的限制、环境条件、法规政策等多方面。总体来说，影响自净需水量的因素主要有以下几个方面：

(1)维持水环境功能的标准要求。

水环境质量标准取决于国家的环境政策、地区的环境要求、经济财政能力、环境科学和技术水平。我国已经颁布实施了《地表水环境质量标准》、《生活饮用水卫生标准》、《渔业水质标准》、《海洋水质标准》等。目前，《中国水功能区划(试行)》经水利部颁布试行，黄河流域水功能区划多数已经相关省(区)人民政府批准，现行水功能区划确定了黄河上中下游及其支流的水域功能，并对各河段水质保护要求做了明确规定。另外，《制定地方污染物排放标准》(GB 3839—83)等对维持河流一定水量条件也做出了明确规定。

(2)污染物自净降解规律。

一般来讲，同一河段高温季节，污染物降解速率要高于低温季节，水体污染物浓度梯度越大，其降解速率也相应较高；即使上述条件相同，流经高纬度的河流(河段)要比地处低纬度的河流(河段)污染物降解速率要慢。

(3)污染物入河量及分布。

(4)河段上游来水水质。上游来水水质越差,则自净需水量越大,倘若背景值超过一定限度,即使自净水量再大,水质也难以保证;反之则小。

(5)河段水资源数量及分布。

3.1.3 研究目的及技术思路

3.1.3.1 研究目的

维持河流水质安全以实现水功能保护的需要,是国内外水资源管理和环境保护部门长期以来所追求的共同目标。保护好河流的水环境,一方面需对污染物排放进行科学的控制,另一方面要保证河道内保持有基本自净水量,以满足水污染物环境净化和功能保护的需求。目前,我国正在通过制定日益严格的污染物排放控制标准,以及推行"清洁生产"、"增产不增污"等环保政策,实施污染物排放的浓度和总量控制。但与此同时,对满足水功能水体保护要求的资源配置和环境条件,我国已开展的研究却较少。以黄河为代表的我国主要江河,由于水资源匮乏和生产用水的挤占,河流可用于污染物稀释和自净的水量日渐减少,难以满足水环境保护需要的基本要求。

在实现了流域污染物排放控制的有效管理基础上,如何在水资源配置中,统筹考虑水资源和水环境的承载能力,研究提出在支持经济社会可持续发展原则上的河道自净水量要求,以满足水功能保护的基本要求,指导流域水资源的优化利用和配置,也是流域管理机构维持河流健康生命实践的一项重要内容。

近年来随着黄河流域社会经济的快速发展和水资源短缺状况的进一步加剧,流域环境压力日渐突显,黄河干流和主要支流水污染严重,水环境问题非常突出。面对西部大开发战略的实施可能带来的水环境风险问题,研究在识别未来黄河可供水量条件下,流域经济发展水平与水功能综合保护目标关系的基础上,分析黄河干流对应主要行政区域的污染物排放及入河控制水平,采用模型计算提出黄河干流重要水文断面自净水量,为黄河水资源规划、管理和优化配置提供技术支持,实现黄河水质水量联合调度和水环境承载能力的优化配置。

3.1.3.2 技术思路

在我国目前现有的发展模式中,水体还只能达到"被继续使用"这个比较低的要求[3],水体不可避免地承担有容纳一定污染物的社会属性。因此,如何充分发挥大自然的自我修复能力(自净能力),协调好"发展 - 排污 - 治污"与"水域保护目标"的关系,提出为黄河的水资源管理服务的合理化建议,应该是自净需水量研究的关键。

本次以黄河作为研究对象,重点选择水环境问题较突出的兰州河段(八盘峡—下河沿)、宁蒙河段(下河沿—头道拐)、龙三河段(龙门—三门峡)、小花河段(小浪底—花园口),通过调查现状黄河全年接纳污染物量及年内分布状况,以 COD 和氨氮作为代表污染控制因子,在研究污染物水体自净降解规律的基础上,建立自净需水模型,利用环境基流法和环境功能法等多种方法,综合评价黄河现状年不同水期自净水量,分析现状水资源条件下自净用水满足程度,并对模型进行验证。同时,根据黄河流域不同水平年社会经济发展水平、国家宏观政策和相关规划,及其支流所在地区经济社会可承受能力和污染治理水平等,在黄河干流承纳污染物预测及自净稀释需水研究的基础上,研究提出重要入黄支流的合理可控指标，并以达到黄河水功能水质目标为最终目标，结合黄河水资源时空分布及调控特点，综合优化提出黄河重点河段现状年和2030 年未来水平年不同水期的自净需水量。

黄河自净水量研究技术思路见图3-1。

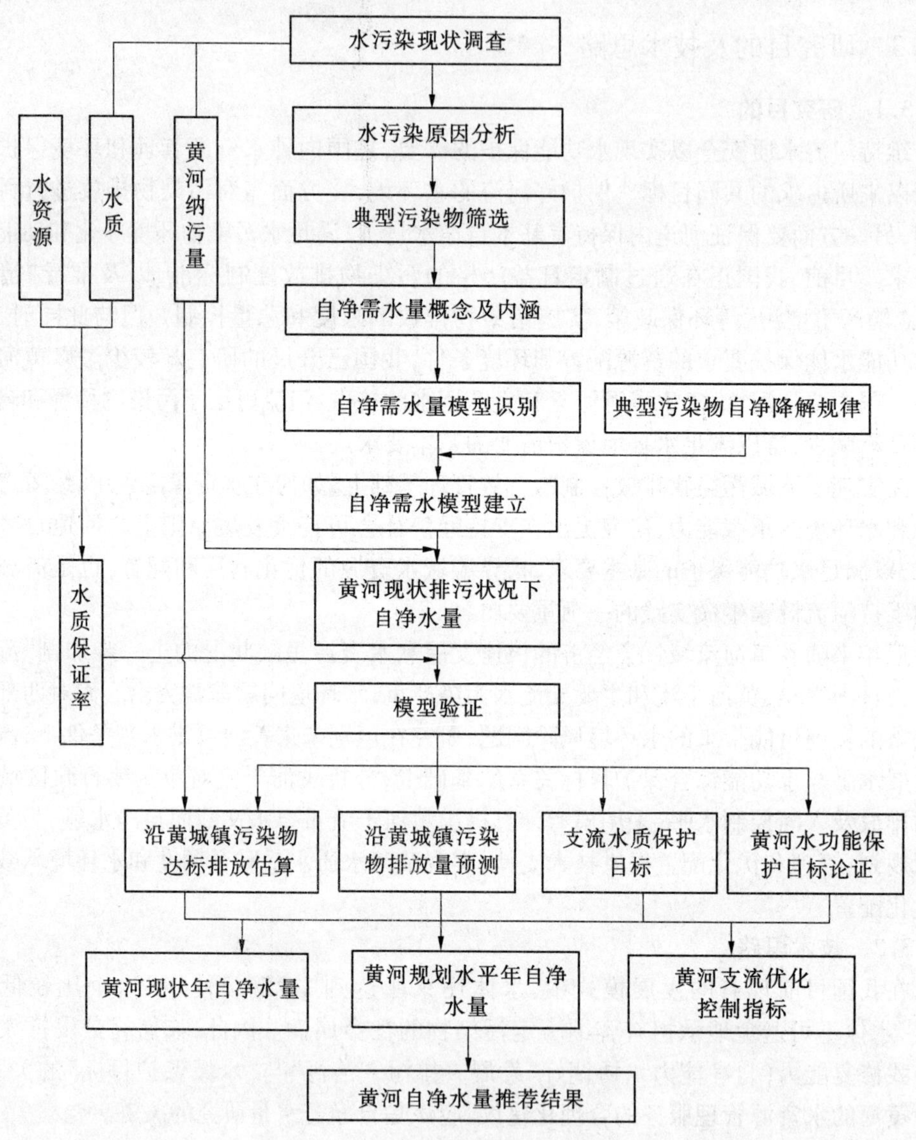

图3-1　黄河自净水量研究技术思路

3.2　水功能区水质目标分析

3.2.1　水功能区分类及水质规划目标

依据《中华人民共和国环境保护法》、《中华人民共和国水法》、《中华人民共和国水污染防治法》、《取水许可制度实施办法》、《黄河治理开发纲要》和《地表水环境质量标准》(GB

3838—2002)等,中华人民共和国水利部于2002年颁布了《中国水功能区划》(试行)。

水功能区划采用两级体系。一级区划是宏观上解决水资源开发利用与保护的问题,主要协调地区间用水关系,长远考虑可持续发展的需求。一级功能区分四类,即保护区、保留区、开发利用区和缓冲区。二级区划主要在一级区划的开发利用区进行,主要协调用水部门之间的关系。分七类,即饮用水水源区、工业用水区、农业用水区、渔业用水区、景观娱乐用水区、过渡区和排污控制区。

黄河干流划分成18个一级水功能区,其中,保护区2个,保留区2个,开发利用区10个,缓冲区4个。在开发利用区中又划分了50个二级功能区,包括14个饮用水源区、3个工业用水区、12个农业用水区和21个其他用水区。

(1)黄河上游兰州以上河段:为黄河主要径流源区,规划的水质目标为保持现状不低于Ⅱ类。

(2)黄河上游兰州以下及中下游河段:沿岸遍布饮用水取水口,规划的水质目标为Ⅲ类。

(3)城市集中排污河段:城市饮用水源地与排污口交叉布设,规划的水质目标为Ⅲ类。

(4)省界缓冲河段:为避免省区用水矛盾,规划的水质目标为Ⅲ类。

考虑到上下段水质的连续性和可控制性,黄河干流兰州以下河段水体质量应达到Ⅲ类水标准,兰州八盘峡大坝以上应达到Ⅱ类水标准。

3.2.2 黄河水功能特点分析

黄河干流水体具有多种使用功能,同一水功能区常同时担负着生活、工业、农业、渔业及排污等多种不同的水功能需求。

3.2.2.1 用水结构

从取用水量上看,农田灌溉是黄河流域第一用水大户,占总用水量的60%~70%,其次为工业和生活用水。但是从使用功能上来看,生活用水对水质的要求高于工业,工业又高于农业,为了不影响其他使用功能的实现,应优先满足最高要求的使用功能。

3.2.2.2 取用水与排水交叉进行

黄河干流具有上下皆为多种使用功能混合取水并交叉排水的特点。作为各河段沿岸人民的饮用水源,生活取水分布黄河上下,兰州、白银、吴忠、包头、三门峡等城市及小浪底以下河段,基本为沿黄两岸城市饮用水水源。同时,黄河也是沿岸废污水的受纳体,排污与生活、农业、工业、城市及农灌等各种取水交叉进行。

自然界水体都具有一定的自净能力,污染物排入水体后,经过扩散、稀释、沉淀、氧化、受微生物等作用而分解,浓度降低。但是水体的自净能力是有限的,自净必须具有一定的过程,若排入水体的污染物数量超过某一界限时,将造成水体的永久性污染。

因此应注重上下游水质的衔接,尤其是在城市集中排污与饮用水交叉进行河段、省界缓冲河段,否则易于产生环境欠保护的情况。

3.2.2.3 省界水质的保证

黄河从上至下流经青海、四川、甘肃、宁夏、内蒙古、山西、陕西、河南、山东9省区,20

多个地市。为避免因为上游省区污染影响下游省区使用需求而引发矛盾,在省(区)边界附近水域、用水矛盾突出的地区,划分一定长度的省界缓冲区,保证交界处水体水质满足下游省区饮用水取水的需要。

3.2.3 现状水功能达标及问题分析

黄河现状有近一半(46.5%)的河流河长劣于Ⅲ类水质,近1/4(23%)的河长劣于Ⅴ类水质,达不到水功能要求,且部分河段汛期水质较好,非汛期水质达不到水功能要求。究其原因,主要有以下几点:

(1)超标排放现象严重。流域内污染超标现象十分严重,是近年来黄河干流水污染事故频发和支流污染严重的主要原因。甘、宁、蒙、鲁、豫等省区超标排放污水的企业占总数的90.9%。使得支流如昆都仑河、四道沙河、渭河、汾河、涑水河、新蟒河、蟒沁河、伊洛河等污染严重,且支流输污量一直在递增,造成支流污染负荷增量远大于干流,是黄河干流水质恶化的主要原因。

(2)产业结构不合理。近年来,流域内重污染企业尤其是"十五小"企业发展迅猛,集中在高新技术含量较低、用水效益较低、排污量大的造纸、纺织、机械和电力行业,且未按国家要求彻底关停,在流域工业中仍占有很大比重,尤其是陕、晋、宁等省(区)。

(3)废污水处理率低。黄河流域城市污水处理率极低,仅为14%左右,处理回用率只有2.4%。污水处理建设滞后且缺乏有效的运营机制。目前流域内大量污水,尤其是生活污水,未经任何处理直接排入黄河,使沿黄城市受到水质型缺水的困扰。

(4)干流水环境承载能力大幅下降。20世纪90年代以来,黄河流域来水持续偏枯,加上干流水利工程的梯级建设和沿黄各省(区)对水资源的过度开发利用,干流河道水量锐减,自净水量被挤占,使干流水环境承载能力大幅度下降,水污染加重。

3.2.4 黄河水质目标适宜性分析

3.2.4.1 人体健康及生物对河流水质的要求

所谓良好的水质,是指水体质量能够满足人类和河流水生生物健康生存的要求。良好的黄河水体质量标准,取决于人们对不同河段黄河水体的功能定位。2002年《地表水环境质量标准》(GB 3838—2002)发布实施,该标准根据《中华人民共和国水法》、《环境保护法》和《河道管理条例》,参考和吸取国内外现有的水质标准,结合我国近期的经济、技术条件等,依据地表水水域环境功能、保护目标、人类和河流水生生物健康生存对水质的要求,根据不同水域及其使用功能执行不同的标准值,对水域分功能类别保护,共分五类:

Ⅰ类水水质很好,既无天然缺陷又未受人为直接污染,不需要任何处理,主要适用于源头区、国家自然保护区;Ⅱ类水水质良好,主要适用珍稀水生生物栖息地、鱼虾类产卵场、仔稚幼鱼的索饵场等;Ⅲ类水水质尚可,能符合通常最低水质要求,如主要适用于集中式生活饮用水地表水源地二级保护区、鱼虾类越冬场、洄游通道、水产养殖区等渔业水域及游泳区,经处理后可满足高一级的用途;Ⅳ类水水质不好,即该水体存在某些天然缺陷,或者受到人为轻度的直接污染,主要适用于一般工业用水区及人体非直接接触的娱乐用水区;Ⅴ类水水质很不好,即该水体具有严重的天然缺陷或者已受到人为的重度污染,只适用于农业用水区及一般景观要求水域。

可以看出，只有满足或优于《地表水环境质量标准》（GB 3838—2002）Ⅲ类水标准，才能保证人体健康及生物安全。

3.2.4.2 保护黄河水质重要性分析

黄河是我国西北、华北地区工农业和城市生活的主要水源，承担着本流域和下游引黄灌区占全国15%耕地面积和12%人口的供水任务，同时还有向流域外地区调水的任务，目前主要有河南、山东工农业用水和向河北补水，2010年以后，计划向流域外供水的地区为甘肃（引大济西）、山西（引黄入晋）、河北、天津以及河南、山东。

黄河流域内有以包头、太原等为中心的著名钢铁和铝生产基地，以晋、蒙、宁、陕等省（区）为中心的煤炭生产基地，有我国著名的中原油田及我国重要商品粮棉基地；流域外供水区域也多为我国重要的农业生产、煤炭、电力能源等基地。作为沿黄地区的主要饮用水源，黄河的良好水质是人民群众健康的重要保障。沿黄地区及引黄区域丰富的土地、矿产和能源资源等优势条件的发挥，也需要水资源的支撑和保证。

目前黄河水污染严重，刘家峡以下河段很难满足城市生活和工农业供水水质要求。黄河水污染，首先影响饮用水。1999年冬春季节，黄河潼关以下发生的大范围水污染，严重影响了沿黄近10个城市的生活供水和工农业用水；2003年旱情紧急情况下，由于黄河水质达不到要求，引黄济津被迫关闭。由于饮用水源被污染，饮用水安全得不到保障，某些疾病发生率增高，影响群众健康。其次会对水生生态及黄河湿地造成破坏。水污染会影响黄河鱼虾等的产卵、繁殖及栖息，以及沿黄十数个重要湿地的关键物种的生存环境。黄河原有鱼类150余种，目前已有1/3的种群绝迹；更为严重的是某些有毒有害物质在鱼体内已有残留并产生富集，从而影响食用。再次，水污染还会影响社会经济可持续发展，如污染土壤并导致农作物减产或绝收，使工农业产品质量下降等，严重的水污染还影响社会的安定。

保护黄河水质是沿岸社会经济持续发展以及保证人民群众饮水安全、食品安全及生态安全的需要。在此情况下，黄河的水质保护目标若低于《地表水环境质量标准》（GB 3838—2002）Ⅲ类标准是不适宜的。

3.2.4.3 黄河水功能与保护目标的适宜性分析

（1）上游兰州以上河段：为黄河源区，为了保护源头水、生态和人体健康的需要，据《地表水环境质量标准》，源头区应为Ⅰ类水，目前该河段水质良好，为Ⅰ～Ⅱ类，应保证现状水质不恶化。

（2）兰州河段：为兰州、白银、靖远等重要城镇的饮用水水源地及工业用水水源。据《地表水环境质量标准》，能符合保护饮用水水源需要的最低水质要求为Ⅲ类，因此该河段水质最低应为Ⅲ类水。

（3）宁夏河段：为宁夏南部部分干旱山区灌溉和人畜饮水的重要水源，同时青铜峡库区是国家级重要湿地；为了保护饮用水水源及保护湿地生态系统水生态和水环境功能的需要，据《地表水环境质量标准》，该河段水质应不低于Ⅲ类水。

（4）内蒙古河段：该段排污与取水交叉进行，为了保护饮用水水源的需要，据《地表水环境质量标准》，该河段水质应为Ⅲ类水。

(5)万家寨库区:万家寨水利枢纽工程,向太原市及海河流域的大同、朔州等地调水,为了保护调水区城市供水水质的需要,据《地表水环境质量标准》,该河段水质应为Ⅲ类水。

(6)晋陕峡谷:为晋陕省界附近河段,并且有驰名中外的壶口瀑布,为了保护省界水质及景观保护的需要,该河段水质应为Ⅲ类水。

(7)黄河甘宁省界、宁蒙省界、蒙晋陕省界、晋陕豫省界附近河段:为了保护省界水体水质的需要,避免省界用水水质矛盾,不因上游水质而影响下游省区饮用水取水安全,必须在省界附近河段实行水质控制,水质应为Ⅲ类水。

(8)小浪底以下河段:多为沿岸城镇饮用水源,同时担负工业、渔业、农业等用水需求,为了保护饮用水源及保护外流域调水水质的需要,据《地表水环境质量标准》,该河段水质应为Ⅲ类水。

(9)黄河河口:为了保护河口三角洲湿地水生态和水环境功能的需要,以及保护黄河入海水质与海洋水质的协调,不因黄河水污染影响海洋,该段水质应为Ⅲ类水。

在保护黄河水资源的实际中,还应考虑到以下需要:

一是黄河水资源管理前瞻性与科学性的需要。黄河水质保护,功在当代,利在千秋。当前,在可持续发展的要求下,对于事关沿黄及引黄地区民生、涉及生态安全的黄河水资源,在制订保护标准时应贯彻"就上不就下"、"就高不就低"的原则,只有这样才能保证黄河水资源"既满足当代人的需要,又不危及后代人满足其发展的需要"。黄河作为中华民族的母亲河,全长5 464 km,若不保证其水质,一旦被污染,水质恶化后很难治理。

二是水体水质协调管理的需要。不因为上游功能较低,致使水质目标较低,从而影响下游高功能高目标的需要。

根据各河段水功能需求,并考虑以上需要,黄河干流水质目标定为兰州以下河段水质应达到Ⅲ类水标准、兰州八盘峡大坝以上达到Ⅱ类水标准是适宜的。

3.2.5 黄河水质目标可达性分析

3.2.5.1 国家环境保护政策分析

1)污水处理

按《城市污水处理及污染防治技术政策》,到2010年,全国设市城市和建制镇污水平均处理率不低于50%,设市城市污水处理率不低于60%,重点城市污水处理率不低于70%。

目前,黄河流域城市废污水处理情况比较好的省区,处理率仅在30%左右。若上述目标能得到落实,黄河流域废污水处理率将有较大的提高,污染物排放量大大减少。

2)污染源达标排放

《国务院关于环境保护若干问题的决定》明确提出:"到2000年,全国所有工业污染源达到国家或地方规定的标准;直辖市及省会城市、经济特区城市、沿海开放城市和重点旅游城市的地面水环境,按功能区分别达到国家规定的有关质量标准。"

黄河流域现状工业达标排放率较低,若实现上述目标,可大幅缩减废污水与污染物排放量,改善水环境质量,有利于水资源可持续利用。

3）主要城市等中水回用率

沿黄大部分省区在“十一五”规划环境保护目标中，都提出了提高城市中水回用率的要求，力争达到30%以上。目前流域内城市废污水回用情况较好的是山东省，有20%的废污水得到了回用，占处理量的55.22%，回用的水大部分被用到了工业上。提高中水回用率是削减污染物入河量最有效的方法之一。若各省区“十一五”环保目标得到落实，将有效减少工业取水量及污染物排放。

4）饮用水安全保障

《全国城市饮用水水源地安全保障规划》要求：至2010年基本解决建制市和问题突出的县级城镇集中式饮用水水源地安全保障问题。水源地水质基本达到饮用水水源的标准。建制市和县级城镇饮用水满足2020年全面实现小康社会目标对饮用水安全的要求。

黄河干流自上而下承担着沿黄地区的饮用水需求，对于饮用水安全保障的要求，也就对黄河干流沿岸饮用水源区的水质提出了具体要求，有利于黄河干流整体水质的提高。

5）节水型社会建设

国家“十一五”期间节水型社会建设的目标为：到2010年，水资源利用效率和效益显著提高，单位GDP用水量比2005年降低20%以上。农田灌溉水有效利用系数由0.45提高到0.50左右；单位工业增加值用水量低于115 m^3，比2005年降低30%以上。北方缺水城市再生水利用率达到污水处理量的20%。

根据以上目标，全面节水、高效利用、清洁生产、全面节约，进一步提高水利用效率，将促进和保障黄河流域资源、环境和经济的协调发展及水质目标的实现。

6）黄河流域行业政策

近年来，黄河流域内有关省区，尤其是废污水排放量占较大比重的陕西、河南等省份，加大了环境保护力度，相继出台了对造纸、化工等重污染行业严格的产业政策和排污要求，关停取缔了一批污染严重的“十五小”企业，废污水排放量有所减少，使流域内渭河、沁河等支流流域水环境质量明显好转，进而使上述支流入黄口及下游的河段水质也得到改善。

禁止新建并坚决关闭“十五小”和“新五小”（小水泥、小火电、小玻璃、小炼油、小钢铁）企业；加大执法力度，防止关闭的“十五小”企业（特别是小造纸）死灰复燃，为黄河干流下游水质改善创造了条件。

3.2.5.2 相关规划协调性分析

1）黄河近期重点治理规划

按规划目标，2010年，各支流及排污口进入黄河干流的污染物满足总量控制要求。黄河干流水质满足水功能区需求，除排污控制区外，分别达到Ⅱ、Ⅲ类水质标准；主要支流饮用水源区及污染较轻的河段，达到水功能区水质要求，污染较重的河段，水质明显改善。

根据污染物入黄总量控制计算结果，2010年COD削减量为217万kg/d，削减率66.9%；氨氮削减量为13.7万kg/d，削减率为78.6%。

2）渭河流域近期重点治理规划

规划确定，到2010年，进入渭河干流的污染物削减率符合总量控制的要求；渭河干支流水体达到Ⅳ类标准，水质得到显著改善，满足各水功能区和水环境功能区的水质目标，现状水质良好的河段、水域得到维持，城市饮用水水源区水质达到Ⅱ～Ⅲ类水质目标要求。

按照规划的污水处理规模,2010 水平年渭河流域废污水处理率将达到70%以上;按照一、二级处理深度进行估算,COD 去除率70%左右,就总体而言,基本上能够达到要求。黄河第一大支流渭河水质的改善及污染物削减,将大大改善渭河入黄口附近及下游河段的水质。

3)山西省汾河流域水污染防治条例

条例规定:重点排污控制区内不得新建重污染项目;严格控制汾河流域污染物排放总量;持证排污,在线监测;严禁在饮用水源地建设污染项目及排污。"十一五"实现汾河上游达到集中式饮用水源地水质要求,中、下游河段满足农灌用水标准的目标。

在以上措施下,2006 年汾河的水质状况基本上处于汾河水库以上河段水质有所好转,水库以下河段继续呈重污染的态势。与 2005 年相比,汾河水库及以上 4 个监测面水质均有所好转,水库以下河段一个断面好转,一个断面恶化,其余均为地表水Ⅴ类或劣Ⅴ类水质。

作为黄河第二大支流的汾河入黄口水质现状为劣Ⅴ类,若 2010 年达到农灌用水标准即Ⅴ类水质,也将为汾河入黄口以下干流水质改善做出一定贡献。

4)城市饮用水水源地安全保障规划

规划通过污染物总量控制、水源地保护和面源污染控制工程等措施,至 2010 年基本解决建制市和问题突出的县级城镇集中式饮用水水源地安全保障问题,水源地水质基本达到饮用水水源标准,供水量和供水保证率基本满足城市发展要求。至 2020 年全面解决城市集中式饮用水水源地安全保障问题,进一步提高供水保证率,建制市和县级城镇饮用水安全得到全面保障。

若得到落实,黄河干流沿岸若干饮用水水源地安全将得到保障,则黄河干流相当长度的河段水质将达到Ⅲ类水质标准,以促进和保障黄河干流水质目标的实现。

5)国家"十一五"环境保护规划纲要

2006 年,国家环保总局组织开展了"国家'十一五'环境保护规划" 编制工作,该项目组认真总结了国家"九五"和"十五"环境保护目标实现情况和各大江河水污染现状,认为按照水质目标,黄河流域 COD 和氨氮的最大允许排放量分别为 38.42 万 t/a 和 2.03 万 t/a,而2004 年的现状排污量分别为 139.74 万 t/a 和 15.20 万 t/a,即二者要分别削减 73%和 87%才能达到既定的水质目标。然而,黄河流域大部分地区处于经济欠发达地区,国民经济正处于起步阶段,限排任务十分艰巨。"十一五"期间,国家确定把主要污染物(COD 和 SO_2)排放总量削减 10%作为各级政府的约束性指标,目标实现的难度相当大。

国家"十一五"环境保护规划的实施,有利于进一步加强和保证黄河干流污染物削减和水质改善。

3.2.5.3 黄河污染物排放趋势分析

自 1998 年以来,黄河流域废污水年排放量一直处于 42 亿 t 左右,详见表 3-1,几乎没有太大变化,但较之 20 世纪 80 年代初的 21.7 亿 t,废污水排放量却翻了一番。

这是因为,20 世纪 80 年代黄河流域经济发展相对落后,废污水排放量较少。90 年代中后期,高耗水、重污染企业得到较快发展,但企业环保意识差、处理设施不全,大量废污水及污染物排入黄河。90年代末期，随着“三同时”、清洁生产、增产不增污、增产减污、污染物总量控制等政策相继出台并得到落实，黄河流域工业企业废水达标率显著上升，城市污水处理厂、中水回用等工程相继投入使用，对减缓黄河流域废污水量增长起到了重要作用。另外，随着黄河流域工业用水定额的逐渐降低，工业用水重复利用率的逐渐提高，近年来总的工业用水虽有所增长，但是占黄河流域废污水排放量70%左右的工业排水总体上来看变化不大，甚至有所降低。因此，虽然目前黄河流域水污染问题突出，流域内广为分布规模以下工业企业，生产技术落后，资源浪费严重、污染控制水平低，但从国家达标排放、城镇污水处理率及有关工业结构调整、发展循环经济提倡清洁生产等政策分析，以及流域重要资源保护及水污染防治规划分析，未来水平年黄河流域实现工业达标排放和城市污水处理达标排放是有保证的，从而为干流水质目标实现提供有力的保障。

表3-1　1989年以来黄河流域废污水年排放量　（单位：亿t）

年份	废污水排放总量	工业废水	生活污水
1989	25.67	21.61	4.06
1990	19.94	16.24	3.70
1991	20.38	16.50	3.88
1992	26.09	20.60	5.49
1993	32.25	26.86	5.39
1994	29.64	24.17	5.47
1995	33.84	28.19	5.65
1998	42.04	32.52	9.52
1999	41.98	31.18	10.80
2000	42.22	30.68	11.54
2001	41.35	29.56	11.79
2002	41.28	28.35	12.93
2003	41.46	32.00	9.46
2004	42.65	32.16	10.49
2005	43.53	34.86	8.67
2006	42.63	34.15	8.48

注：1998年后废污水排放总量、工业废水排放量为黄河水资源公报数据，1998年以前利用黄河流域用耗水计算得出。

3.2.6　水质目标

综合考虑人类和水生生物对河流水质的要求、黄河水体使用功能及水污染趋势和相关区域社会经济背景等多方面因素，从保护目标的科学性、系统性、前瞻性角度出发，从水域环境功能和保护目标的适宜性、保护黄河的特殊性和重要性考虑，认为2030水平年黄河干流水质恢复的目标应为：黄河干流兰州以下水体质量总体上应该达到Ⅲ类水标准，兰州八盘峡大坝以上应努力维持Ⅱ类水现状不再恶化。为了增加可操作性，可结合实际情况，分阶段逐步达到水质目标。

3.3 黄河干流纳污量

黄河干流纳污量主要包括两部分,一部分是工业企业和城镇生活污染源直接排向黄河干流,即入黄排污口;另一部分是通过黄河支流排向干流。另外,还有部分纳污量是由多个点污染源共同汇入一个排污沟后再排向干流,这些排污沟也按入河排污口污染源对待。

3.3.1 入黄排污口输污量调查

根据2005年黄河干流纳污量调查,黄河干流接纳沿黄城市直接排放的废污水约11.88亿 m^3,主要污染物COD约33.7万t,氨氮约4.26万t,详见表3-2。

表3-2 黄河干流入河排污口输污量

城市	废污水量(万 m^3/a)	污染物年入河量(t/a)	
		COD	氨氮
兰州市	28 406	60 297	7 404
白银市	11 845	22 431	2 965
石嘴山市	38 465	59 616	12 323
吴忠市	16 266	122 981	7 303
鄂尔多斯市	2 218	799	31
巴彦淖尔盟	1 521	15 766	246
呼和浩特市	2 468	1 135	102
包头市	3 216	16 222	1 819
乌海市	3 304	9 432	2 032
渭南市	821	918	192
榆林市	276	915	88
忻州市	213	226	7
运城市	1 700	6 045	437
三门峡市	2 978	10 804	2 651
焦作市	5 140	9 498	5 001
合计	118 837	337 085	42 601

3.3.2 入黄支流输污量调查

根据2005年黄河入黄支流水质及水量资料,黄河一级主要支流,全年向黄河排放主要污染物COD约80.1万t,氨氮约8.91万t。其中,枯水低温期(11月~翌年2月)向黄河排放COD约24.4万t,占全年排放总量的30.5%,氨氮约2.24万t,占全年排放总量的25.1%;平水农灌期(3~6月)向黄河排放COD约12.7万t,占全年排放总量的15.9%,氨氮约1.30万t,占全年排放总量的14.6%;丰水高温期(7~10月)向黄河排放COD约43.0万t,占全年排放总量的53.6%,氨氮约5.37万t,占全年排放总量的60.3%。详见表3-3。

表 3-3　黄河支流输污量调查结果　（单位:t）

河段	水期	COD		氨氮	
		通量	比例*（%）	通量	比例*（%）
八盘峡大坝—大峡大坝	枯水低温期	3 879	42.6	123	23.4
	平水农灌期	3 298	36.2	182	34.6
	丰水高温期	1 935	21.2	220	42.0
	全年	9 112	1.1	525	0.6
大峡大坝—五佛寺	枯水低温期	63 434	37.8	1 280	63.0
	平水农灌期	23 842	14.2	31	1.5
	丰水高温期	80 572	48.0	720	35.5
	全年	167 848	21.0	2 030	2.3
下河沿—青铜峡	枯水低温期	6 403	30.9	17	38.9
	平水农灌期	6 594	31.8	10	21.6
	丰水高温期	7 728	37.3	18	39.5
	全年	20 725	2.6	45	0.1
青铜峡—石嘴山	枯水低温期	5 250	60.1	46	76.7
	平水农灌期	788	9.0	4	6.0
	丰水高温期	2 696	30.9	10	17.3
	全年	8 735	1.1	60	0.1
三湖河口—昭君坟	枯水低温期	0	0	0	0
	平水农灌期	0	0	0	0
	丰水高温期	170	100.0	2	100.0
	全年	170	0	2	0
昭君坟—头道拐	枯水低温期	2 442	25.0	1 008	24.6
	平水农灌期	4 067	41.6	1 928	47.0
	丰水高温期	3 268	33.4	1 169	28.5
	全年	9 776	1.2	4 104	4.6
头道拐—万家寨大坝	枯水低温期	166	7.4	23	11.3
	平水农灌期	108	4.8	10	4.6
	丰水高温期	1 968	87.8	174	84.1
	全年	2 243	0.3	207	0.2
万家寨大坝—府谷	枯水低温期	4 271	27.4	3	15.9
	平水农灌期	332	2.1	3	15.2
	丰水高温期	10 961	70.4	12	68.8
	全年	15 564	1.9	17	0

续表 3-3

河段	水期	COD		氨氮	
		通量	比例*（%）	通量	比例*（%）
府谷—吴堡	枯水低温期	5 358	42.5	200	44.5
	平水农灌期	1 613	12.8	94	21.0
	丰水高温期	5 632	44.7	155	34.6
	全年	12 603	1.6	449	0.5
吴堡—龙门	枯水低温期	9 004	27.6	669	27.7
	平水农灌期	3 815	11.7	500	20.7
	丰水高温期	19 831	60.7	1 245	51.6
	全年	32 650	4.1	2 414	2.7
龙门—潼关	枯水低温期	111 885	30.3	13 525	20.2
	平水农灌期	64 645	17.5	7 903	11.8
	丰水高温期	192 732	52.2	45 646	68.1
	全年	369 263	46.1	67 074	75.3
潼关—三门峡	枯水低温期	1 692	39.1	486	28.8
	平水农灌期	887	20.5	705	41.8
	丰水高温期	1 748	40.4	495	29.4
	全年	4 326	0.5	1 687	1.9
三门峡—小浪底	枯水低温期	1 168	35.5	56	55.3
	平水农灌期	663	20.1	7	7.1
	丰水高温期	1 462	44.4	38	37.6
	全年	3 292	0.4	101	0.1
小浪底—花园口	枯水低温期	28 931	20.0	4 937	47.5
	平水农灌期	16 777	11.6	1 622	15.6
	丰水高温期	98 909	68.4	3 841	36.9
	全年	144 616	18.1	10 400	11.7
花园口—高村**		—	—	—	—
合计	枯水低温期	243 883	30.5	22 373	25.1
	平水农灌期	127 429	15.9	12 999	14.6
	丰水高温期	429 612	53.6	53 745	60.3
	全年	800 923	100.0	89 115	100.0

注： * 各河段平水农灌期、丰水高温期、枯水低温期比例为各水期污染物通量占全年通量的比例；全年比例为河段全年污染物通量占全河总通量的比例。

** 天然文岩渠渠水基本不进入黄河。

3.3.3 黄河纳污总量及特点

3.3.3.1 黄河纳污总量

经统计，黄河全年接纳主要污染物 COD 约 114 万 t，氨氮约 13.2 万 t。其中，枯水低温期(11 月 ~ 翌年 2 月)约接纳 COD 35.6 万 t，占全年排放总量的 31.3%，氨氮约 3.66 万 t，占全年排放总量的 27.8%；平水农灌期(3 ~ 6 月)约接纳 COD24.0 万 t，占全年排放总量的 21.1%，氨氮约 2.72 万 t，占全年排放总量的 20.6%；丰水高温期(7 ~ 10 月)约接纳 COD 54.2 万 t，占全年排放总量的 47.6%，氨氮约 6.79 万 t，占全年排放总量的 51.6%。详见表 3-4。

表 3-4 黄河纳污量调查结果 (单位:t)

河段	水期	等标污染负荷排序	COD		氨氮	
			通量	比例*(%)	通量	比例*(%)
八盘峡大坝—大峡大坝	枯水低温期	5	23 978	34.5	2 591	32.7
	平水农灌期		23 397	33.7	2 650	33.4
	丰水高温期		22 034	31.7	2 688	33.9
	全年		69 409	6.1	7 929	6.0
大峡大坝—五佛寺	枯水低温期	4	70 911	37.3	2 268	45.4
	平水农灌期		31 319	16.5	1 019	20.4
	丰水高温期		88 049	46.3	1 708	34.2
	全年		190 279	16.7	4 995	3.8
下河沿—青铜峡	枯水低温期	6	16 760	32.4	1 472	33.4
	平水农灌期		16 950	32.7	1 464	33.2
	丰水高温期		18 084	34.9	1 472	33.4
	全年		51 794	4.6	4 407	3.3
青铜峡—石嘴山	枯水低温期	3	53 649	34.9	5 106	33.5
	平水农灌期		49 187	32.0	5 063	33.2
	丰水高温期		51 095	33.2	5 070	33.3
	全年		153 930	13.5	15 239	11.6
石嘴山—三盛公	枯水低温期	10	5 535	33.3	727	33.3
	平水农灌期		5 535	33.3	727	33.3
	丰水高温期		5 535	33.3	727	33.3
	全年		16 606	1.5	2 182	1.7
三盛公—三湖河口	枯水低温期	12	4 974	33.3	60	33.3
	平水农灌期		4 974	33.3	60	33.3
	丰水高温期		4 974	33.3	60	33.3
	全年		14 922	1.3	180	0.1

续表 3-4

河段	水期	等标污染负荷排序	COD		氨氮	
			通量	比例*(%)	通量	比例*(%)
三湖河口—昭君坟	枯水低温期	16	2	1.3	0	1.2
	平水农灌期		2	1.3	0	1.2
	丰水高温期		172	97.5	2	97.5
	全年		177	0.0	2	0.0
昭君坟—头道拐	枯水低温期	7	8 114	30.3	1 625	27.3
	平水农灌期		9 738	36.3	2 545	42.7
	丰水高温期		8 939	33.4	1 785	30.0
	全年		26 791	2.4	5 954	4.5
头道拐—万家寨大坝	枯水低温期	14	545	16.1	57	18.5
	平水农灌期		486	14.4	43	14.1
	丰水高温期		2 347	69.5	208	67.4
	全年		3 378	0.3	309	0.2
万家寨大坝—府谷	枯水低温期	13	4 347	27.5	5	21.1
	平水农灌期		407	2.6	5	20.7
	丰水高温期		11 037	69.9	14	58.2
	全年		15 790	1.4	25	0
府谷—吴堡	枯水低温期	11	5 662	41.9	229	42.7
	平水农灌期		1 918	14.2	123	23.0
	丰水高温期		5 937	43.9	185	34.4
	全年		13 518	1.2	537	0.4
吴堡—龙门	枯水低温期	8	9 004	27.6	669	27.7
	平水农灌期		3 815	11.7	500	20.7
	丰水高温期		19 831	60.7	1 245	51.6
	全年		32 650	2.9	2 414	1.8
龙门—潼关	枯水低温期	1	113 661	30.3	13 680	20.3
	平水农灌期		66 420	17.7	8 059	11.9
	丰水高温期		194 507	51.9	45 802	67.8
	全年		374 588	32.9	67 541	51.3
潼关—三门峡	枯水低温期	9	5 840	34.8	1 424	31.6
	平水农灌期		5 034	30.0	1 643	36.5
	丰水高温期		5 895	35.2	1 433	31.8
	全年		16 768	1.5	4 500	3.4
三门峡—小浪底	枯水低温期	15	1 168	35.5	56	55.3
	平水农灌期		663	20.1	7	7.1
	丰水高温期		1 462	44.4	38	37.6
	全年		3 292	0.3	101	0.1

续表 3-4

河段	水期	等标污染负荷排序	COD		氨氮	
			通量	比例*(%)	通量	比例*(%)
小浪底—花园口	枯水低温期	2	32 097	20.8	6 604	42.9
	平水农灌期		19 943	12.9	3 289	21.4
	丰水高温期		102 075	66.2	5 508	35.8
	全年		154 114	13.5	15 401	11.7
合计	枯水低温期	—	356 247	31.3	36 573	27.8
	平水农灌期		239 788	21.1	27 197	20.6
	丰水高温期		541 973	47.6	67 945	51.6
	全年		1 138 006	100.0	131 716	100.0

注:*各河段平水农灌期、丰水高温期、枯水低温期比例为各水期污染物通量占全年通量的比例;全年比例为河段全年污染物通量占全河总通量的比例。

3.3.3.2 黄河纳污特点分析

1)黄河纳污时空分布集中

调查表明,龙门—潼关、小浪底—花园口、青铜峡—石嘴山、大峡大坝—五佛寺、八盘峡大坝—大峡大坝、下河沿—青铜峡、昭君坟—头道拐等7个研究河段的污染物入黄量在整个黄河干流中所占比重较大,7个河段每年向黄河输送主要污染物COD约102万t,约占全河年排放总量的89.7%,氨氮约12.1万t,约占全河92.2%。各河段向黄河年输送污染物比例详见图3-2。

另外,黄河全年接纳主要污染物主要来自丰水高温期(7~10月),约接纳COD 54.2万t,占全年排放总量的47.6%,氨氮约6.79万t,占51.6%。其次是枯水低温期(11月~翌年2月),约接纳COD 35.6万t,占全年排放总量的31.3%,氨氮约3.66万t,占27.8%。平水农灌期(3~6月)最小,约接纳COD 24.0万t,占全年排放总量的21.1%,氨氮约2.72万t,占20.6%。详见图3-3。

2)污染物主要来自支流

黄河支流输污比重远远大于排污口,据统计,入黄支流年向黄河输送主要污染物COD约80.0万t,约占黄河年接纳污染物总量的70.4%,氨氮约8.91万t,约占67.7%。其中,渭河、祖厉河、汾河、沁河、湟水河、伊洛河、昆都仑河、沁蟒河、新蟒河、清涧河、清水河、涑水河、皇甫川、无定河、宛川河等15条河流年向黄河输送COD约76.9万t,约占全河年接纳总量的67.5%,占支流年排放总量的96.0%,氨氮8.65万t,占全河65.7%,占支流97.1%。详见图3-4。

3)入黄排污口和入黄支流"超标"排放现象比较严重

根据调查结果,入黄排污口平均排放污染物浓度COD约284 mg/L,氨氮约36 mg/L,超过《污水综合排放标准》一级排放标准近2倍。入黄支流全年平均浓度COD约47.1 mg/L,氨氮约5.25 mg/L;其中,枯水低温期(11月~翌年2月)COD约68.9 mg/L,氨氮约6.32 mg/L,平水农灌期(3~6月)COD约58.8 mg/L,氨氮约6.00 mg/L;丰水高温期(7~10月)COD约38.0 mg/L,氨氮约4.762 mg/L,均远远超过黄河水功能区水质保护类

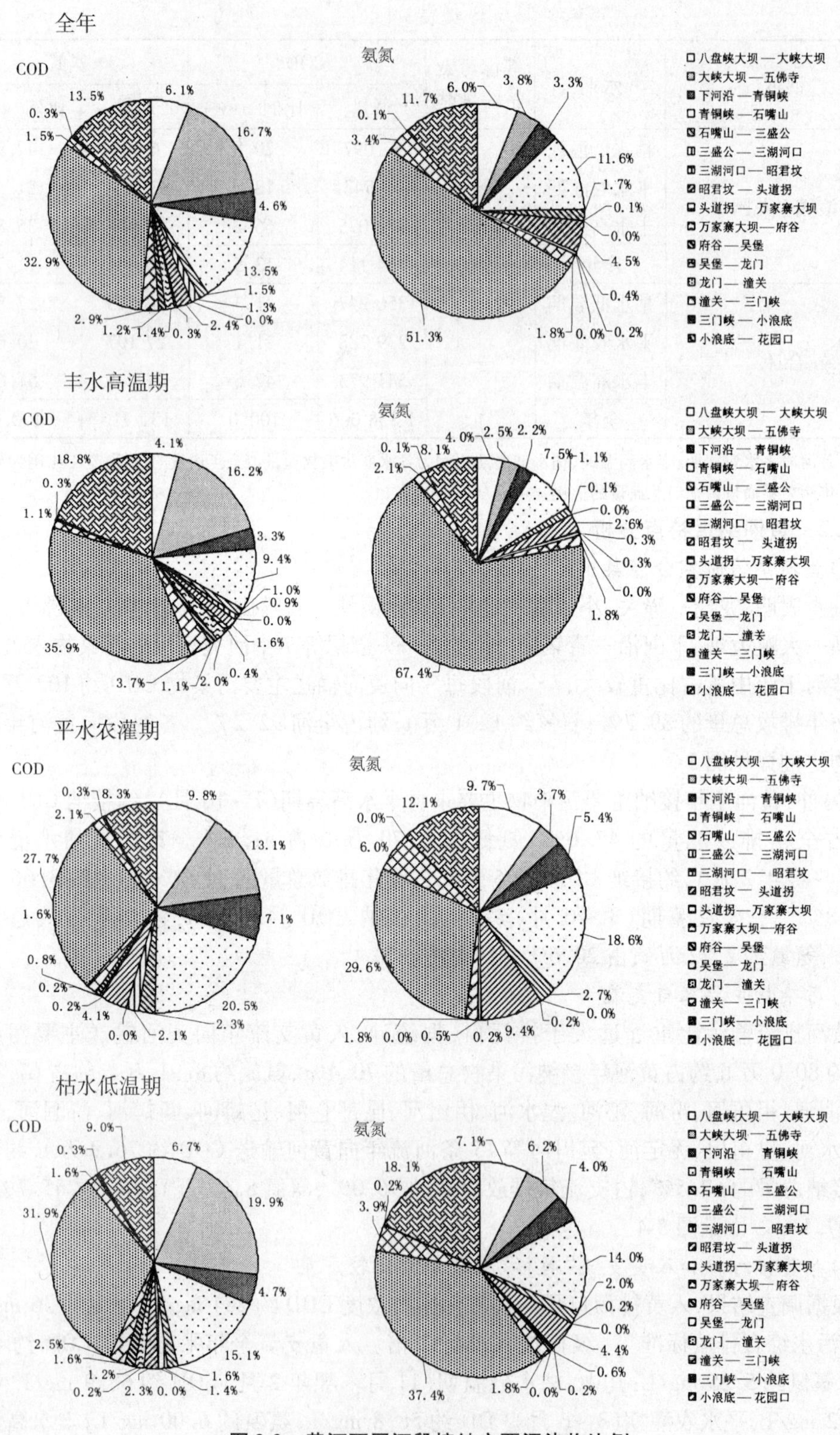

图 3-2 黄河不同河段接纳主要污染物比例

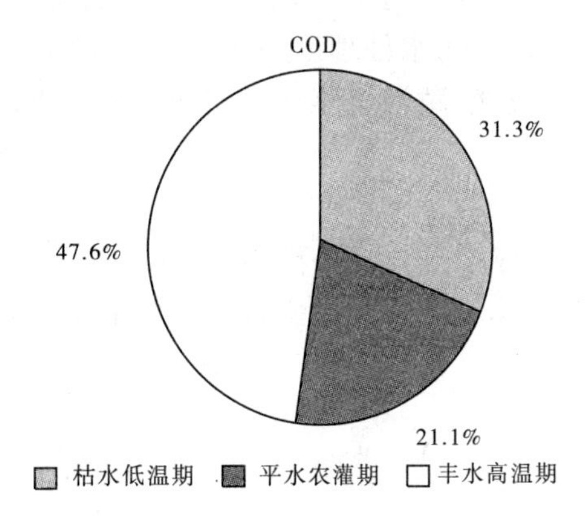

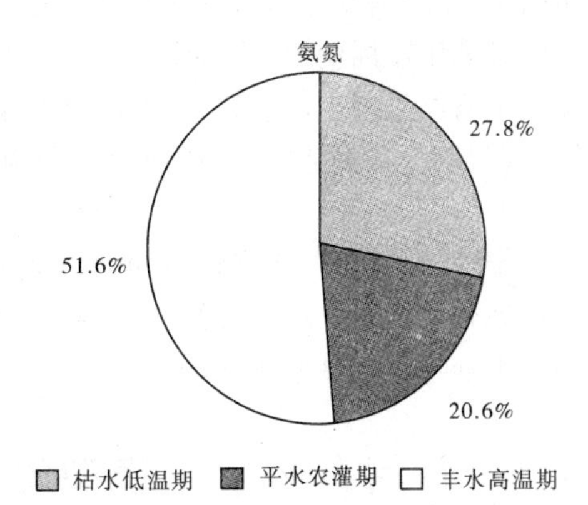

图 3-3　黄河不同水期接纳主要污染物比例

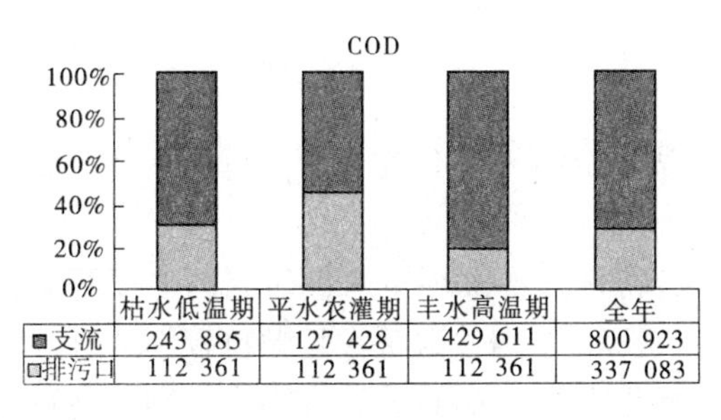

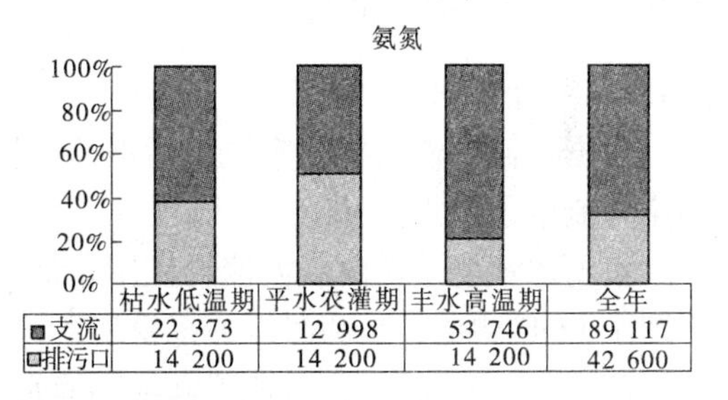

图 3-4　入黄排污口、入黄支流不同水期输送主要污染物一览图

Ⅲ水质目标 2 ~ 3 倍以上。

4）河段纳污特点显著

a. 兰州、宁蒙河段

兰州、宁蒙河段流经甘肃的兰州，宁夏的中宁、银川、石嘴山，内蒙古的呼和浩特、包头等城市，沿途主要接纳了来自这些城市入黄排污口的大部分生活污水、工业废水以及农药、化肥含量很高的农灌退水，致使黄河水质受到很大影响。受区域排污特点的影响，该河段废污水及污染物排放量比较集中，主要集中在兰州城市排污口，以及汇集了大量的工业废水、生活污水和农灌退水的宁夏中干沟、银新沟、三排、四排等一些排污沟，而且该河段全年各个水期黄河纳污相对比较均衡，波动较小。

b. 龙门—潼关河段

龙门—潼关河段接纳的污染物量最大，其污染物大部分来自支流，主要是污染严重的渭河、汾河和涑水河等。由于渭河、汾河等支流沿岸城镇密集，人口稠密，工农业生产较发达，且工业废水主要由造纸、纺织、机械和电力等行业构成，这些行业大多是技术含量较低的高耗水、重污染企业，受产业政策和生产周期的影响较大，加上河流径流的影响，龙门—潼关河段全年纳污变动较大，丰水高温期最大，其次是枯水期和平水农灌期。

c. 小浪底—花园口河段

小浪底—花园口河段由于区间污染严重的支流伊洛河、新蟒河、沁蟒河及一些排污口的汇入，水体污染比较严重，河段接纳污染物主要来自伊洛河、新蟒河和沁蟒河等支流。

伊洛河、新蟒河及沁蟒河等污染严重的支流，区域工业主要由造纸、制革、酿造构成，受产业政策和生产周期的影响，加之企业废水和生活污水由于污水处理设施建设滞后或即使建成也不能稳定正常运转，大多未加治理就直接排入支流，黄河全年纳污变动较大，丰水高温期最大，其次是枯水期和平水农灌期。

d.“零”纳污河段占有一定比重

宁蒙部分河段、晋陕峡谷、黄河下游悬河等河段由于受到自然条件约束，水资源开发利用率较低，区间没有排污或不适宜于排污，经调查基本没有排污口或者排污口很少，黄河基本处于污染自净状态。

3.4 黄河自净水量模型研究

3.4.1 计算因子及时段

3.4.1.1 计算因子

根据黄河干流主要为有机水污染的特征，选择 COD 和氨氮作为黄河自净水量计算的污染控制因子。

黄河水环境条件由于泥沙的作用非常复杂，特别是本次环境水量研究的主要污染控制因子 COD 测值大小和泥沙关系密切[37~39]，一般来说，泥沙含量大且颗粒较细的含沙水体 COD 测值会比较大。上述因素给环境水量模型计算、参数选取造成很多不利。现行国标《地表水环境质量标准》(GB 3838—2002)，对水样前处理的要求是在现场取样后沉淀 30 min，而后取其上清液进行测定。这对含粗颗粒泥沙($d \geq 0.05$ mm)或中颗粒泥沙(0.025 mm $< d < 0.05$ mm)为主的水体，基本可行；而对于以细颗粒泥沙($d \leq 0.025$ mm)为主的水体，则受到了局限，本研究所指的 COD 值，原则上是指水样去除泥沙后的清水测值，基本上不考虑泥沙的影响[40,41]。

3.4.1.2 计算时段

考虑到黄河全年水环境条件、纳污的不均衡性，黄河自净水量采取全年逐月计算，合计全年需水量。

3.4.2 计算单元划分

3.4.2.1 划分原则

黄河自净需水量计算采用单元分解法，即将较长河段划分为较小的计算单元，分别计算各单元自净需水量，然后耦合求出。宋进喜[42]在进行渭河自净需水量研究时，认为河流自净需水量的计算就是要求保证河流各功能区段内处处达到(高于)水质要求，在进行计算单元划分时，他把河流的每一个排污口作为分界线将河流概化为多个河段，对于有支流汇入的河段，将各支流也视为排污口。而郝伏勤[43]认为，实际上水功能区内不可能全部水体达标或处处达标，考虑到黄河纳污量大小和排污口、支流口的分布，计算单元以水文断面区间为单元，当区间距离过长，中间适当增加节点，计算长度基本都在 100 km 以上，比纯粹以水功能区计算结果相对合理。

考虑到黄河纳污分布特点，以及黄河水体处处达标的可能性和可实现性，笔者认为在合理利用黄河水体自净能力的前提下，黄河自净水量计算单元的划分，可以主要以保护水域功能为目标，兼顾重要敏感保护目标，并紧密结合水功能区、行政区、水资源和水资源保护的管理和控制重要节点、水力因素重要变化节点等。现分述如下。

1）大中城市及重要工业区、工矿企业生活饮用水取水口节点原则

考虑大中城市和重要工业区、工矿企业生活饮用水取水口，作为自净水量计算单元划分的分界依据，其中比如像白银市四龙口、水川和华电公司取水口，宁夏石嘴山电厂取水口，准格尔煤炭公司小沙湾取水口等取水口与排污口布局有待优化的河段，规模较小的取水口可以不作为节点依据。本次确定的重要生活饮用水取水口节点主要有：兰州市自来水总公司西固区取水口（八盘峡上游来水水质能够代表），包头市昭君坟（包头昭君坟饮用工业用水区的下断面西流沟入口上游400 m）、磴口取水口（包头东河饮用工业用水区的下断面东兴火车站上游700 m），呼和浩特市及托克托电厂取水口（包头东河饮用工业用水区的下断面东兴火车站上游100 m），万家寨调水取水口，三门峡市三水厂取水口（距离三门峡断面20 km），郑州邙山、花园口取水口，开封黑岗口取水口，濮阳市渠村取水口，济南市老徐庄、大王庙取水口。黄河干流济南以下至入海口河段，无排污口汇入，不再设立计算节点和计算单元。

2）大型水利枢纽和综合型取水口节点原则

大型水利枢纽主要是指龙羊峡、刘家峡、青铜峡、三盛公、万家寨、三门峡、小浪底等水库和水利枢纽。综合型取水口主要是指引黄济津、引黄济青以及新乡人民胜利渠等之类的长距离输水，并兼有工业、农业和城市生活多功能用途的取水口。大中型水库及重要水利枢纽是黄河上的重要水源地，其功能除保证下游地区的各类用水外，还兼有生态用水和当地观光娱乐用水的功能，但一般没有直接的生活饮用水水源地功能，但也应成为一个独立的节点单元，以便重点加以监控和保护。

3）重要水生态功能保护区节点原则

重要水生态功能保护区主要是指河道鱼类产卵场、栖息地和重要的商品渔业基地等。依据以往的科技成果和地方水行政部门提出的要求，将甘肃靖远到大庙一带确定为北方铜鱼、大鼻吻鮈、圆筒吻鮈的主要越冬场和繁殖场，将陕西韩城段确定为黄河鲤鱼产卵场和栖息地；将刘家峡以下的各大中水库和径流式电站、拦河水利枢纽形成的水域确定为各地方的商品渔业基地及河流湿地保护区等。依据本原则划分得到的主要水生态功能保护区和河流节点为：龙羊峡、刘家峡水库库区，盐窝峡、八盘峡径流式电站回水区，甘肃靖远珍贵鱼类产卵场栖息地，宁夏青铜峡、内蒙古三盛公水利枢纽回水区，陕西韩城段鱼类产卵场栖息地，河南三门峡、小浪底水利枢纽及其回水区，黄河三角洲湿地自然保护区等。

4）环境资源利用与河道自然条件变异节点原则

受地形、地貌、社会经济和交通、水源等条件的制约与作用，黄河干流的入河排污口分布具有严重的不均衡特点。地形地貌条件相对开阔、平展，社会经济较为发达和交通运输、水源条件相对较好的地区和城镇，其污水排污口的分布就相对密集，河段接纳的废污水排放量也就相对较多；相反，地形地貌条件相对较差，河流两岸地形陡峭，交通运输和取水条件相对较差，河流岸边地区的社会经济不发达，也就谈不上有排污口的分布和废污水

的排放。本次规划依据城镇和调查排污口的分布情况划分了下河沿—青铜峡、青铜峡—石嘴山、石嘴山—三盛公、府谷—吴堡、吴堡—龙门、龙门—潼关、潼关—三门峡、小浪底—花园口等多个城镇集中排污区,依据河道自然环境条件的变异情况划分了五佛寺—下河沿、万家寨大坝—府谷、府谷—吴堡、花园口—高村、高村—艾山、艾山—泺口、泺口—利津、利津—入海口等多个自然河段。

5)行政区界节点原则

以行政区界为节点,保持进入省(区)断面水质和流出省(区)断面的水质处于同一水平,使得上游省(区)的污染不向下游省(区)传递。依据不同河段省(区)之间的水环境条件关系,确立了下河沿(黄河甘宁缓冲区下断面)、乌达桥(黄河宁蒙缓冲区下断面5 km)、喇嘛湾(黄河托克托缓冲区下断面)、吴堡(吴堡排污控制区下断面)、龙门(龙门农业用水区下断面)、潼关(渭南运城渔业农业用水区下断面)、三门峡(三门峡饮用工业用水区下断面)、花园口、高村、利津等多个断面作为行政区界节点。

3.4.2.2 划分结果

依据上述原则和方法,本次将黄河八盘峡以下长达3 395多km的河段(八盘峡以上河段水体水质基本处于《地面水环境质量标准》Ⅲ类以上),划分成13个集中排污河段(合计河长为1 520 km),9个水环境功能恢复和水体自净河段(合计河长为1 875 km),10个行政区界控制计算单元。本次划分的13个排污控制河段分别为:兰州河段(西固取水口—包兰桥排污口+宛川河)、白银河段(包括白银、永靖、平川三个区域的排污)、中卫中宁河段(下河沿—青铜峡水库)、吴银石河段(包括吴忠和青铜峡的排污,银新沟等银川河段的排污,第四、第五排水沟的污水和石嘴山市的排污)、乌海河段(包括内蒙古乌海—三盛公河段的排污)、乌梁素海河段(乌梁素海入黄口—包头昭君坟取水口河段的排污)、包头河段(包头市排污口+昆都仑河)、河曲府谷河段(包括万家寨—府谷河段的排污口和孤山川)、龙潼河段(龙门—韩城区间的排污口、渭河和汾河、涑水河)、潼三河段(三门峡市排污口、苍龙涧河)、花园口河段(小浪底—花园口区间的排污口和新、老蟒河);9个水体自净和水功能恢复河段分别为:五佛寺—下河沿河段,头道拐—万家寨大坝河段,府谷—龙门河段,以及黄河下游的花园口—入海口等河段。对于水环境功能恢复和水体自净河段,只要河道保证一定的流量、流态,能够维持河流生态及两岸生态系统,以及黄河河口生态系统的良性循环就基本够了。

考虑黄河花园口以下河段由于两岸大堤约束,两岸废污水无法入黄,因此黄河自净需水量研究分为黄河上中游自净需水研究和黄河下游自净需水研究。

各河段及排污控制计算单元见表3-5。

3.4.3 自净水量模型识别及建立

黄河自净水量模型从满足河流水质要求出发,以地表水环境质量标准为目标,以一维水质模型为基础进行建立。自净水量模型重点考虑河道内需要留存的水量,虽然黄河干流取水口众多且分布复杂,但是本次自净水量模型对河道内取水以及因蒸发、渗漏等水量损失未予考虑。另外,本次所建立的自净水量模型仅针对黄河点源污染而所需要的自净水量,随着黄河自净水量及非点源研究的逐渐深入,非点源可逐渐纳入黄河自净水量模型。

表 3-5 计算河段划分一览表

序号	计算河段名称	河段区间	河段性质	河长(km)	水质目标
1	兰州河段	八盘峡大坝—大峡大坝	集中排污河段	115.1	Ⅲ
2	白银河段	大峡大坝—五佛寺	集中排污河段	196.5	Ⅲ
3	五下河段	五佛寺—下河沿	行政区界、水环境功能恢复和水体自净河段	100.6	Ⅲ
4	中卫中宁河段	下河沿—青铜峡	集中排污河段	123.4	Ⅲ
5	吴银石河段	青铜峡—石嘴山	集中排污河段	194.6	Ⅲ
6	乌海河段	石嘴山—三盛公	行政区界、集中排污河段	141.0	Ⅲ
7	乌梁素海河段	三盛公—三湖河口	集中排污河段	221.5	Ⅲ
8	包头河段1	三湖河口—昭君坟	集中排污河段	125.9	Ⅲ
9	包头河段2	昭君坟—头道拐	集中排污河段	173.8	Ⅲ
10	头万河段	头道拐—万家寨大坝	行政区界、水环境功能恢复和水体自净河段	114.0	Ⅲ
11	河曲府谷河段	万家寨大坝—府谷	行政区界、水环境功能恢复和水体自净河段	102.8	Ⅲ
12	府吴河段	府谷—吴堡	行政区界、水环境功能恢复和水体自净河段	241.7	Ⅲ
13	吴龙河段	吴堡—龙门	行政区界、水环境功能恢复和水体自净河段	276.9	Ⅲ
14	龙潼河段	龙门—潼关	行政区界、集中排污河段	129.7	Ⅲ
15	潼三河段	潼关—三门峡	行政区界、集中排污河段	111.4	Ⅲ
16	三小河段	三门峡—小浪底	行政区界、水环境功能恢复和水体自净河段	130.2	Ⅲ
17	花园口河段	小浪底—花园口	集中排污河段	128.0	Ⅲ
18	花高河段	花园口—高村	行政区界、水环境功能恢复和水体自净河段	188.5	Ⅲ
19	高艾河段	高村—艾山	水环境功能恢复和水体自净河段	193.6	Ⅲ
20	艾泺河段	艾山—泺口	水环境功能恢复和水体自净河段	107.8	Ⅲ
21	泺利河段	泺口—利津	水环境功能恢复和水体自净河段	174.1	Ⅲ
22	利津河段	利津—入海口	水环境功能恢复和水体自净河段	104.0	Ⅲ

注：花园口以下河段由于黄河两岸大堤约束，沿河废污水难于入黄，自净水量计算中不予计算。

3.4.3.1 一维水质模型概化

研究河流的混合输移过程通常只关心污染物浓度的沿程变化，而不关心在断面上的变化，可采用一维水质模型进行描述[16]。考虑黄河河道边界条件的复杂性，主要采用一维水质模型计算。

一维河流水质模型基本形式为：

$$\frac{\partial C}{\partial t} + u\frac{\partial C}{\partial x} = D\frac{\partial^2 C}{\partial x^2} - KC$$

式中 C——污染物浓度，$[\mathrm{ML^{-3}}]$；

x——河流水流方向距离，$[\mathrm{L}]$；

K——污染物综合自净降解系数，$[\mathrm{T^{-1}}]$；

D——河流弥散系数，$[\mathrm{L^2T^{-1}}]$；

u——水流流速，$[\mathrm{LT^{-1}}]$。

在河段定常稳态、排污的条件下，即截面积 A、流速 u、流量 Q 及污染物入量 W 和弥散系数 D 都不随时间变化，因此$\frac{\partial C}{\partial t}=0$，则此时可变为：

$$u\frac{\partial C}{\partial x} = D\frac{\partial^2 C}{\partial x^2} - KC$$

一般不受潮汐影响的河流，弥散系数很小，可以忽略，即 $D=0$，则一维河流方程可变为：

$$u\frac{\partial C}{\partial x} = -KC$$

有流速可表示为：

$$\frac{\mathrm{d}(x(t))}{\mathrm{d}t} = u$$

则上式可表示为：

$$\frac{\mathrm{d}x}{\mathrm{d}t}\cdot\frac{\partial C}{\partial x} = -KC$$

即有：

$$\frac{\mathrm{d}(C(x(t),t))}{\mathrm{d}t} = -KC$$

式中 $x(t)$——特征线。

$$x(t) = ut$$

对于 $x(t)=0, C=C_0$ 的情况，有：

$$C(x(t)) = C_0\exp(-Kx(t)/u)$$

由于黄河各河段断面形态互不相同，在部分河段还建有控导工程等人工建筑物，河道宽度、水深、断面形状等沿水流方向都不断变化，水流流速更是不同，因此可以将该河段根据河道形态特点分成若干个断面形态类似的河段，再将每个河段看做是一个一维水质模型，这样黄河就可以被看做是一系列首尾相接的一维水质模型所组成的河段。

河流一维水质模型概化示意见图 3-5，则有：

第 i 河段第一个排污口（支流，下同）处：

$$Q'_{i1} = Q_{i0}$$

$$Q_{i1} = Q'_{i1} + q_{i1}$$

$$C_{i1} = C'_{i0}\exp(-K_{i1}x_{i1}/u_{i1})$$

$$C'_{i1} = \frac{Q'_{i1}C'_{i1} + q_{i1}c_{i1}}{Q'_{i1} + q_{i1}}$$

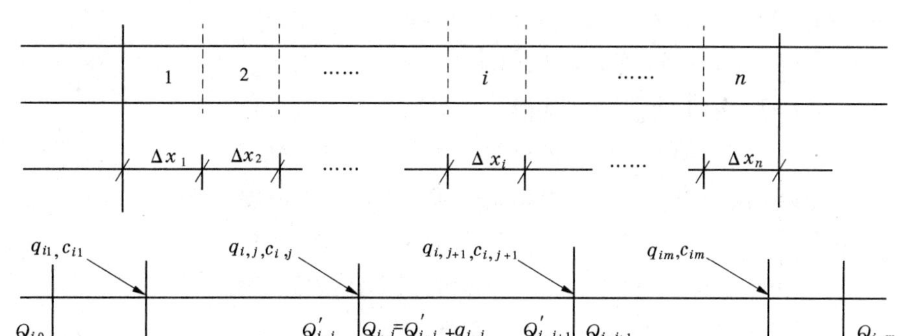

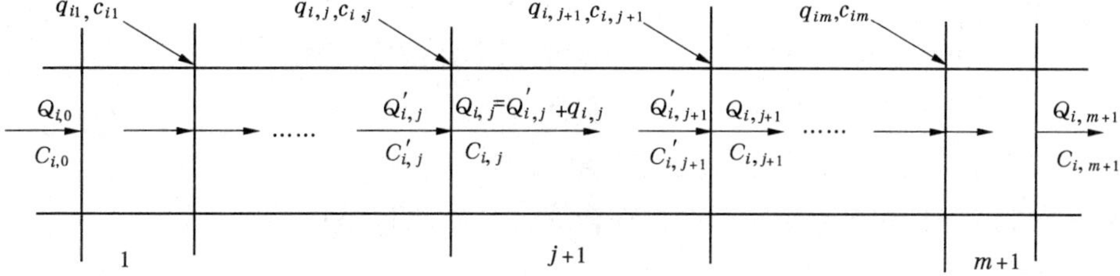

图 3-5 黄河一维水质概化示意图

……

第 j 个排污口处：

$$Q'_{ij} = Q_{i,j-1}$$

$$Q_{ij} = Q'_{ij} + q_{ij}$$

$$C'_{ij} = C_{i,j-1}\exp(-K_{ij}x_{ij}/u_{ij})$$

$$C_{ij} = \frac{Q'_{ij}C'_{ij} + q_{ij}c_{ij}}{Q'_{ij} + q_{ij}}$$

……

第 m 个排污口处：

$$Q'_{im} = Q_{i,m-1}$$

$$Q_{im} = Q'_{im} + q_{im}$$

$$C'_{im} = C_{i,m-1}\exp(-K_{im}x_{im}/u_{im})$$

$$C_{im} = \frac{Q'_{im}C'_{im} + q_{im}c_{im}}{Q'_{im} + q_{im}}$$

第 $m+1$ 段：

$$Q'_{i,m+1} = Q_{im}$$

$$Q'_{i,m+1} = Q_{i,m+1}$$

$$C'_{i,m+1} = C_{im}\exp(-K_{i,m+1}x_{i,m+1}/u_{i,m+1})$$

$$C_{i,m+1} = C'_{i,m+1}$$

式中 Q_{i0}——第 i 河段起始断面黄河来水流量，$[MT^{-1}]$；

C_{i0}——第 i 河段起始断面黄河来水污染物浓度，$[ML^{-3}]$；

Q'_{i1}——第 i 河段第 1 个排污口汇入前黄河来水流量，$[MT^{-1}]$；

C'_{i1}——第 i 河段第 1 个排污口汇入前黄河污染物浓度，$[ML^{-3}]$；

Q_{i1}——第 i 河段第 1 个排污口汇入后黄河流量，$[ML^{-1}]$；

C_{i1}——第 i 河段第 1 个排污口汇入后黄河污染物浓度，$[ML^{-3}]$；

K_{i1}——第 i 河段第 1 个河段污染物综合降解系数,[T^{-1}];

x_{i1}——第 i 河段第 1 个河段长度,[L];

u_{i1}——第 i 河段第 1 个河段平均流速,[LT^{-1}]。

$Q_{i,j-1}$——第 i 河段第 j 小段起始断面黄河来水流量,[ML^{-1}];

$C_{i,j-1}$——第 i 河段第 j 小段起始断面黄河来水污染物浓度,[ML^{-3}];

Q'_{ij}——第 i 河段第 j 个排污口汇入前黄河来水流量,[ML^{-1}];

C'_{ij}——第 i 河段第 j 个排污口汇入前黄河污染物浓度,[ML^{-3}];

Q_{ij}——第 i 河段第 j 个排污口汇入后黄河流量,[ML^{-1}];

C_{ij}——第 i 河段第 j 个排污口汇入后黄河污染物浓度,[ML^{-3}];

K_{ij}——第 i 河段第 j 个河段污染物综合降解系数,[T^{-1}];

x_{ij}——第 i 河段第 j 个河段长度,[L];

u_{ij}——第 i 河段第 j 个河段平均流速,[LT^{-1}]。

Q_{im}——第 i 河段第 $m+1$ 小段起始断面黄河来水流量,[MT^{-1}];

C_{im}——第 i 河段第 $m+1$ 小段起始断面黄河来水污染物浓度,[ML^{-3}];

$Q'_{i,m+1}$——第 i 河段出水断面前黄河来水流量,[MT^{-1}];

$C'_{i,m+1}$——第 i 河段出水断面前黄河污染物浓度,[ML^{-3}];

$Q_{i,m+1}$——第 i 河段出水断面黄河流量,[MT^{-1}];

$C_{i,m+1}$——第 i 河段出水断面黄河污染物浓度,[ML^{-3}];

$K_{i,m+1}$——第 i 河段第 $m+1$ 个河段污染物综合降解系数,[T^{-1}];

$x_{i,m+1}$——第 i 河段第 $m+1$ 个河段长度,[L];

$u_{i,m+1}$——第 i 河段第 $m+1$ 个河段平均流速,[LT^{-1}]。

3.4.3.2 自净水量优化原则

由研究河段概化后一维水质模型可见,某一计算河段自净水量与计算河段内污染物综合降解系数 K、河段长度 x、河段水功能目标 C_s、背景来水污染物浓度 C_0、旁侧入流 q、c 以及旁侧入流在河段内的分布状况紧密相关。受黄河水环境特点决定,污染物综合降解系数 K、河段长度 x、旁侧入流在河段内的分布状况等在一定时间内相对比较稳定,可视为常量。而由于目前我国现行的《地表水环境质量标准》(GB 3838—2002)地表水类别 COD、氨氮均为一个相对的区间,而且受各河段排污水平的影响,河段自净能力各不相同,因此如何合理地取值 C_s、C_0 就成了一个问题。另外,考虑到沿黄城镇和入黄支流流域社会经济发展水平、治污水平等,在黄河水资源可以承受的条件下旁侧入流的排污水平 $\sum qc$ 也是决定自净水量的一项重要因素。

综上考虑,本次利用一维水质模型,优化自净水量,优化目标为:

(1)90% 保证率最枯月流量法,是 7Q10 法的延伸。7Q10 法是指采用 90% 保证率最枯连续 7 天的平均水量作为河流最小流量设计值,该方法传入我国后主要用于计算污染物允许排放量。我国在《制定地方水污染物排放标准的技术原则和方法》(GB 3839—83)中规定:一般河流采用近 10 年最枯月平均流量或 90% 保证率最枯月平均流量。最小月平均流量法是一种基于对河流长期观测和分析而建立起来的对环境水质净化需水的一般性量化要求，由于不同的河流具有不同的特征，尤其是从河流水环境功能要求出发，不同的河流水质污染程度和适用的地面水环境质量标准不同，因此这种方法在不同河流中应用会产生不同的结果。对于那些纳污量较大、污染严重的河流采用最小月平均流量法确定的自净需水量并非能够满足河流生态环境功能的要求，从而使得该方法在处理河流生态环境需水问题上存在一定的缺陷[42]，计算90%保证率最枯月流量，作为确定黄河自净水量的参考依据。

(2)计算的准则为黄河干流水质目标满足Ⅲ类水水功能要求，但计算过程中考虑水质目标污染物浓度数值的变化区间，即 $15.0 \leq C_{COD} \leq 20.0, 0.50 \leq C_{氨氮} \leq 1.00$，并在此基础上进行优化组合。

(3)入黄支流水质等于或优于现状水质，但必须满足入黄水功能区水质要求，同时考虑支流水质目标污染物浓度数值的变化区间，且入黄支流污染物总削减率达到最小。

(4)对于背景断面浓度实测值小于Ⅲ类水标准的，按照自净水量计算结果的下限值进行取值，如果背景断面浓度实测值大于Ⅲ类水标准的下限值，则按照上限值进行取值。

(5)根据黄河水资源可调控的实际，考虑河流上下游水流的传递，对有较大支流汇入的重点河段，对控制断面自净水量取值考虑支流汇入加水影响，但不考虑河段蒸发、渗漏等损失和取水影响等。

(6)考虑氨氮地表水标准值和污水排放标准相差 8 ~ 16 倍，自净水量氨氮计算值偏大，黄河水量难以保证，因此自净水量取值原则上采用 COD 计算值。

3.4.3.3 模型结构及组成

利用 VB 编制黄河自净水量计算模型程序，程序主要包括：

(1)水质模型计算主程序；

(2)计算单元(黄河干流计算河段的划分)；

(3)相关参数库：污染物综合降解系数；

(4)旁侧污染物输入库(包括入黄排污口、入黄支流)；

(5)各计算单元首断面的污染物实测浓度值；

(6)黄河干流主要断面特征值(断面名称、距河源距离等)；

(7)黄河干流主要水文断面流量—流速关系。

3.4.3.4 典型污染物自净规律探讨

1)水污染物迁移转化规律及影响因素

影响污染物降解系数的主要因素[44]有河道特性、流速、水体中污染物种类、污染物浓度、溶解氧、含沙量、pH 值、水温等。在一定时期内，由于黄河河道形态、河段污染源、pH 值等相对稳定，可以认为河段特性、污染物种类等在不同水期基本可以认为是不变的，同时根据黄河历年研究河段水质监测成果看，水体中溶解氧不同时段差别不大，而且能够保证微生物生化分解作用需要，可以不考虑其对污染物降解系数的影响。总体来看，水体水温变化对污染物降解系数影响较大，黄河主要水文水质监测断面近年来实测水温统计结果见表 3-6，可以看出不同水期水温相差较大，确定污染物综合降解系数必须予以考虑，国内外研究成果表明，水体温度高，降解系数大，且二者之间定量关系已经有较为可靠的研究成果，这里着重从水温角度考虑不同水期污染物降解系数变化。

表 3-6　黄河主要水文水质监测断面近年来实测水温统计　　（单位:℃）

断面名称	枯水低温期	平水农灌期	丰水高温期
兰州	5.9	9.3	17.3
下河沿	4.7	12.4	18.9
五佛寺	5.5	12.4	19.1
石嘴山	2.8	13.2	20.4
头道拐	0.7	11.2	19.5
府谷	1.9	12.3	20.3
吴堡	2.2	12.8	20.3
龙门	3.2	14.9	21.5
潼关	3.7	15.2	22.3
三门峡	4.2	15.0	23.2
花园口	5.4	16.6	24.7
高村	5.7	17.3	24.9
利津	3.3	15.4	23.2

2）室内模拟试验法

郝伏勤[45]等在《黄河水质预警预报关键技术研究》中，利用黄河原状水开展了 COD、氨氮自净降解试验，试验结果表明[46]，水样污染物浓度变化速率主要受水温和污染物初始浓度的影响，在相同初始浓度条件下随着水温的升高，污染物自净降解速率加快，随着水温的降低，污染物自净降解速率减慢；在相同水温条件下，初始浓度越高，污染物降解速率越快，反之则慢。污染物自净降解试验结果，见图 3-6 ~ 图 3-8 和表 3-7。

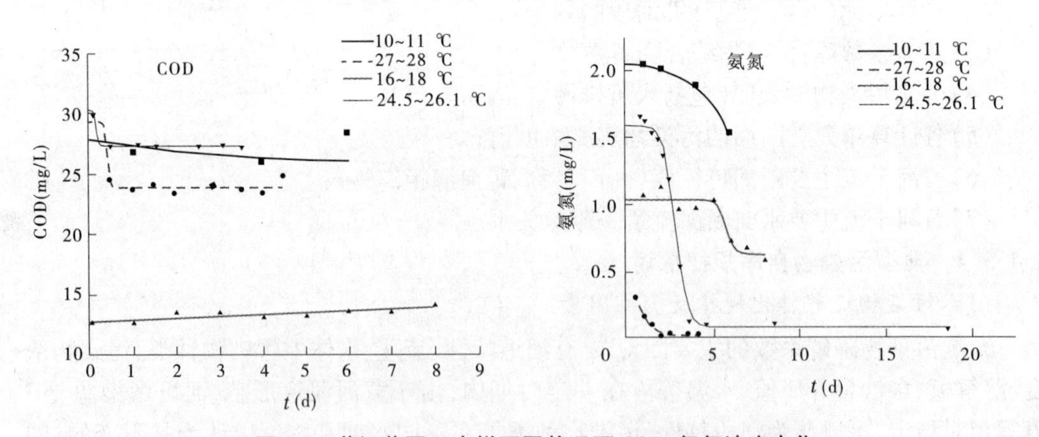

图 3-6　黄河花园口水样不同状况下 COD、氨氮浓度变化

由于黄河的复杂性，室内模拟黄河水动力学条件很难与原型黄河保持一致。黄河流域水资源保护局[47]在《黄河重点河段水功能区划及入河污染物总量控制方案研究》中，曾根据黄河干流实测资料反推污染物自净降解系数，并经类比分析，综合确定黄河干流综合降解系数（K）范围为 COD 在 0.11 ~ 0.25 d^{-1}，氨氮在 0.10 ~ 0.22 d^{-1}。从这些研究结果来看，实验室中污染物自净降解速度与原型黄河实测数据所测算出来的综合自净降解系

数总体类似，但有一定差距，污染物综合自净降解系数作为一项影响自净水量大小的重要因素，这应该是今后研究的重点。

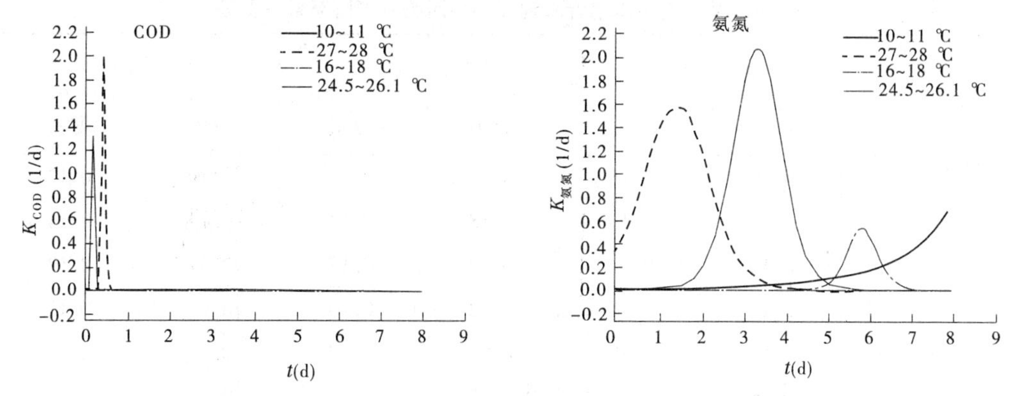

图 3-7 黄河花园口水样不同状况下 COD、氨氮降解系数变化

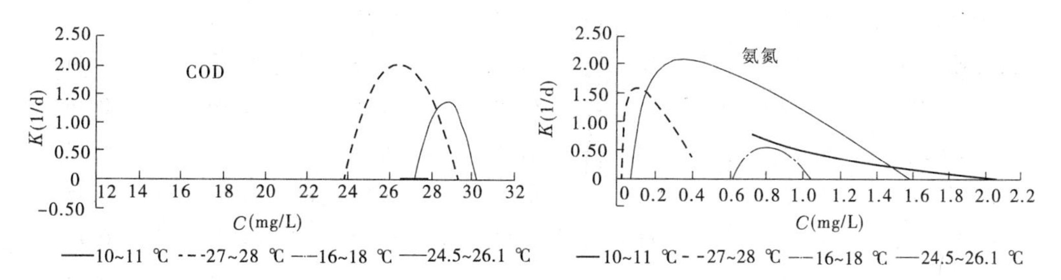

图 3-8 花园口 $C-K$ 关系

表 3-7 污染物自净降解系数一览表

水样名称		污染物自净降解系数(1/d)			
		COD		氨氮	
		范围	均值	范围	均值
花园口	10～11 ℃	0.002 5～0.023 29	0.009 53	0.005 76～0.764 44	0.130 89
	27～28 ℃	0～1.987 88	0.025 48	0～1.577 44	0.372 55
	16～18 ℃	−0.010 78～−0.009 05	−0.009 9	0～0.540 88	0.063 65
	24.5～26.1 ℃	0～1.322 73	0.012 6	0～2.065 84	0.375 1

3）综合降解系数初步结果

本次综合降解系数主要利用已有成果，根据多年水文资料统计水温，对综合降解系数进行温度修正。

不同水温条件下 K 值估算关系式如下：

$$K_T = K_{20} \cdot 1.047^{(T-20)}$$

式中 K_T——温度为 T 时的 K 值；

T——水温，℃；

K_{20}——20 ℃时的 K 值。

不同河段污染物综合降解系数修正结果见表 3-8。

表 3-8　黄河自净水量计算河段平均污染物降解系数一览表

河段名称	枯水低温期		平水农灌期		丰水高温期	
	COD	氨氮	COD	氨氮	COD	氨氮
兰州河段	0.18	0.16	0.18	0.16	0.19	0.17
白银河段	0.17	0.13	0.18	0.14	0.19	0.14
五下河段	0.10	0.11	0.11	0.12	0.11	0.12
中卫中宁河段	0.20	0.15	0.22	0.16	0.23	0.17
吴银石河段	0.21	0.18	0.22	0.19	0.24	0.21
乌海河段	0.16	0.13	0.17	0.14	0.18	0.14
乌梁素海河段	0.11	0.12	0.12	0.12	0.12	0.13
包头河段 1	0.11	0.12	0.12	0.13	0.12	0.14
包头河段 2	0.17	0.14	0.18	0.15	0.19	0.16
头万河段	0.15	0.13	0.16	0.14	0.17	0.15
河曲府谷河段	0.15	0.13	0.16	0.14	0.17	0.15
府吴河段	0.11	0.11	0.12	0.12	0.12	0.13
吴龙河段	0.15	0.15	0.17	0.16	0.18	0.17
龙潼河段	0.20	0.20	0.22	0.22	0.24	0.24
潼三河段	0.22	0.21	0.24	0.23	0.25	0.25
三小河段	0.11	0.10	0.12	0.11	0.13	0.12
花园口河段	0.17	0.15	0.19	0.17	0.20	0.18

3.4.4　自净水量模型验证

3.4.4.1　验证思路

采用自净水量计算模型对 2005 年纳污状况下所需的水量(现状年稀释水量)进行计算,统计近几年各重要水文断面对应流量状态下的水质状况,研究计算黄河涵盖丰平枯水文系列的 90% 保证率最枯月平均流量,从而分析稀释水量的可保证程度及水质达标状况。

3.4.4.2　黄河上中游现状年稀释水量

1)有关参数

a. 90% 保证率最枯月平均流量

(1)资料系列选取。目前,黄河部分生态环境需水量研究成果认为,1970 年后黄河实测径流量系列基本涵盖了黄河 20 世纪 70 年代以来的丰、平、枯水期,具有较好的代表性。但是经分析,1970 ~ 1986 年黄河实测年均径流量明显大于 1987 ~ 2006 年、1997 ~ 2006 年系列，龙门站以下更为突出，且近10年1997～2006年系列明显偏小，而且从黄河1970年后来水、用水情况来看，1970～1986年波动较大，而1987年后黄河来水、流域用水情况基本稳定，近10年废污水排放基本稳定在42亿m^3左右，因此研究认为，1987～2006年水文系列能够反映1986年黄河龙羊峡水库下闸蓄水后的水文变化状况，可以用做计算90%保证率最枯月平均流量，以此作为黄河自净水量的参考依据。黄河主要水文站各时期实测年均径流量、不同系列90%保证率设计流量详见表3-9、表3-10，黄河重要水文断面多年实测径流量、黄河流域多年用水量、黄河流域多年废污水排放量详见图3-9～图3-11。

表3-9　黄河主要水文站各时期实测年均径流量　　（单位：亿m^3）

站名	1970～2006年	1970～1986年	1987～2006年	1997～2006年
兰州	294.4	332.8	261.6	247.3
头道拐	195.6	245.2	153.4	132.5
潼关	305.8	373.6	245.2	203.3
花园口	326.5	407.2	257.8	214.7
利津	224.4	319.1	143.9	112.0

表3-10　黄河主要水文站不同系列90%保证率设计流量　　（单位：m^3/s）

时段	兰州	头道拐	潼关	花园口	利津
1970～2006年	352	76	188	180	2.2
1987～2006年	331	69	148	161	0
1997～2006年	294	59	116	122	0

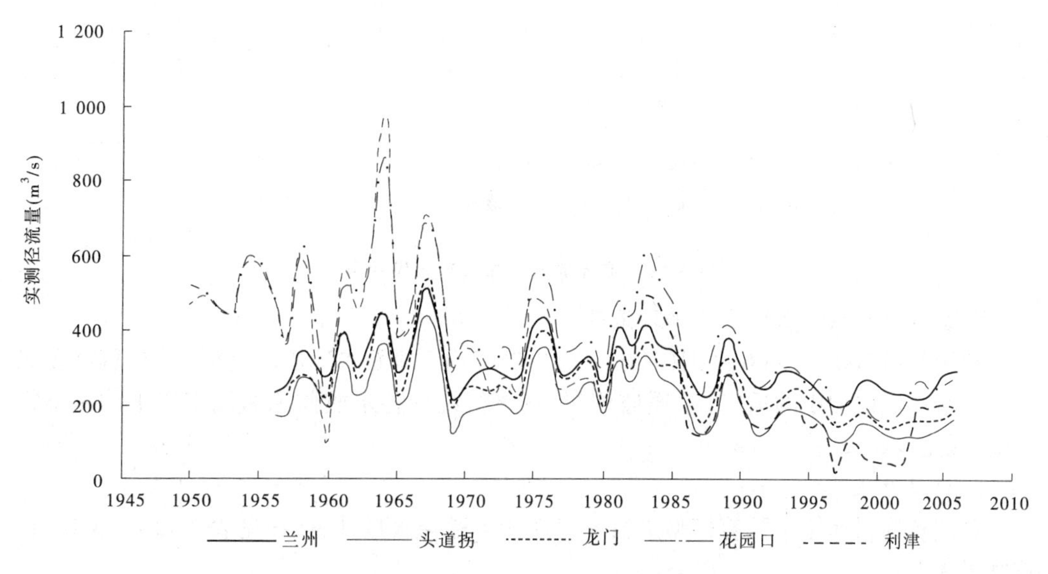

图3-9　黄河重要水文断面多年实测径流量

（2）计算结果。黄河干流主要水文断面90%保证率最枯月平均流量见表3-11。

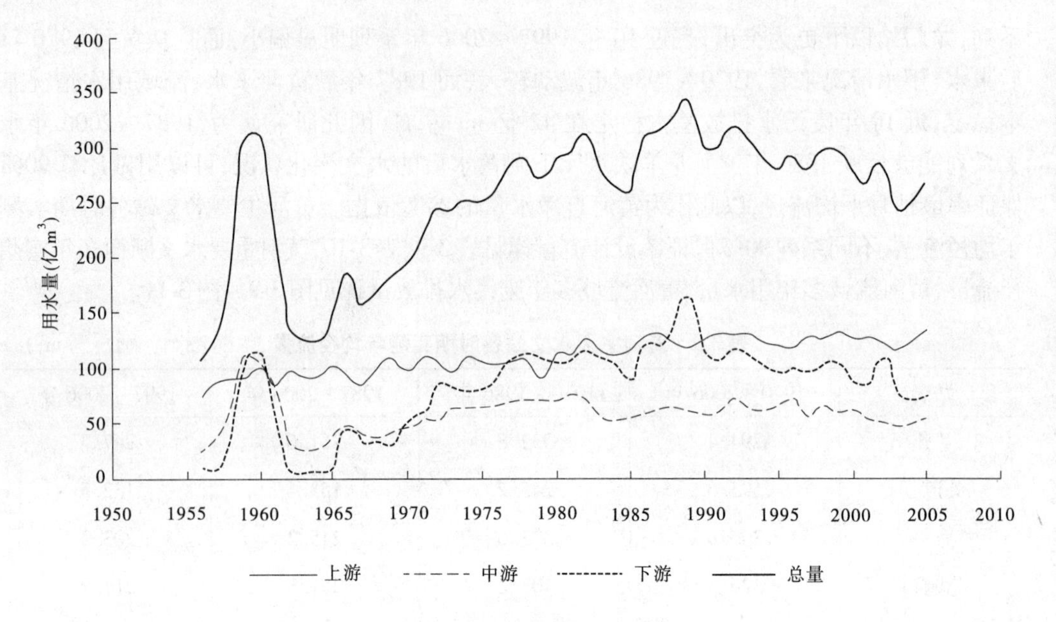

图 3-10　黄河流域多年用水量

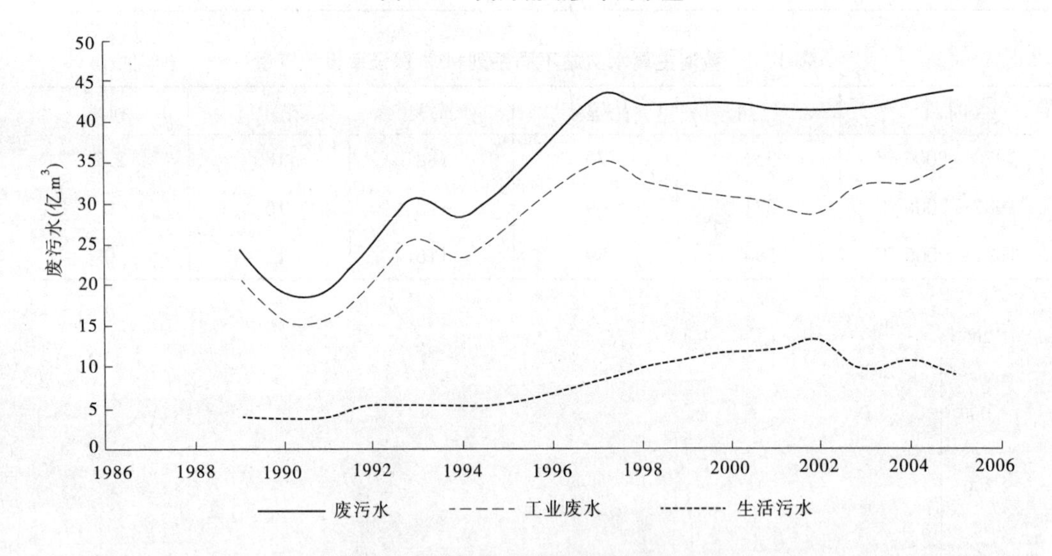

图 3-11　黄河流域多年废污水排放量

b. 黄河重要水质断面实测平均浓度

利用黄河 2004 ~ 2006 系列(考虑 2002 ~ 2003 年《地面水环境质量标准》在黄河多泥沙河流水环境监测中的适应)水质监测资料,进行统计各水质监测断面多年平均污染物浓度,详见表 3-12。

2) 计算结果

利用黄河自净水量计算模型进行黄河现状年稀释水量计算,详见表 3-13、表 3-14,计算结果表明:

河段 1:八盘峡大坝—大峡大坝

COD:$P=90\%$保证率的最枯月平均流量可以完全满足各月水体稀释需水要求。

氨氮:满足水体稀释需水要求的流量范围在401~499 m^3/s之间,首断面氨氮浓度在0.33~0.56 mg/L之间。

表3-11 黄河干流主要水文断面90%保证率最枯月平均流量

序号	主要水文断面	90%保证率最枯月平均流量(m^3/s)	序号	主要水文断面	90%保证率最枯月平均流量(m^3/s)
1	小川	272	8	龙门	137
2	兰州	331	9	潼关	148
3	下河沿	314	10	三门峡	165
4	石嘴山	301	11	小浪底	150
5	头道拐	69	12	花园口	161
6	府谷	87	13	高村	72
7	吴堡	100	14	利津	0

表3-12 黄河干流重要水质监测断面多年平均污染物浓度 (单位:mg/L)

序号	断面名称	COD			氨氮		
		枯水低温期	平水农灌期	丰水高温期	枯水低温期	平水农灌期	丰水高温期
1	小川	6.9	6.8	9.2	0.25	0.25	0.29
2	兰州	10.4	11.1	12.5	0.64	0.72	0.69
3	下河沿	16.2	17.8	18.8	0.47	0.37	0.19
4	石嘴山	34.4	35.4	31.9	1.84	1.75	0.66
5	昭君坟	23.3	22.3	22.3	1.53	0.96	0.37
6	头道拐	19.0	24.5	24.7	1.82	1.36	0.59
7	府谷	14.2	17.6	16.1	1.51	1.35	0.46
8	吴堡	14.1	20.1	16.5	1.20	0.93	0.43
9	龙门	13.4	19.0	14.6	1.11	0.64	0.18
10	潼关	35.4	29.1	21.9	3.50	2.54	1.29
11	三门峡	22.1	20.7	19.1	2.31	1.68	0.93
12	小浪底	13.4	11.3	11.8	0.43	0.71	0.20
13	花园口	19.0	20.3	20.3	0.78	0.83	0.40
14	高村	16.2	15.7	17.1	0.86	0.81	0.36
15	利津	14.2	15.1	18.1	0.62	0.45	0.40

表 3-13　黄河现状纳污状况下满足水质目标要求稀释水量计算结果

计算河段	水期	COD				氨氮			
		径流量（亿 m^3）	流量（m^3/s）	背景浓度（mg/L）	控制断面浓度（mg/L）	径流量（亿 m^3）	流量（m^3/s）	背景浓度（mg/L）	控制断面浓度（mg/L）
河段 1：八盘峡大坝—大峡大坝	11 月～翌年 2 月	34～36	331～352	8.7～11.1	18.6～18.8	42～44	401～428	0.33～0.50	1.00
	3～6 月	34～36	331～350	9.7～11.3	18.5～18.7	44～46	414～441	0.40～0.43	1.00
	7～10 月	35～35	331～341	12.1～15.1	18.5	≥48	441～499	0.38～0.56	1.00
河段 2：大峡大坝—五佛寺	11～翌年 2 月	31～32	308～312	10.5～14.9	15.0～15.3	≥53	308～816	0.73～0.91	0.85～0.90
	3～6 月	32～33	308～316	12.5～14.3	15.0	114～115	336～1 927	0.76～0.97	0.83～0.92
	7～10 月	32～32	308～325	13.4～16.2	15.0～15.1	≥53	379～687	0.79～0.89	0.84～0.87
河段 3：五佛寺—下河沿	11 月～翌年 2 月	≥31	≥308	12.1～17.2	15.0～15.8	≥31	≥308	0.61～0.84	0.55～0.76
	3～6 月	≥32	≥308	12.6～14.5	15.0	≥32	≥308	0.59～0.66	0.54～0.59
	7～10 月	≥32	≥308	13.3～20.2	15.0～18.3	≥32	≥308	0.43～0.69	0.50～0.61
河段 4：下河沿—青铜峡	11 月～翌年 2 月	32～33	314～321	14.6～17.3	18.3	32～33	314～324	0.25～0.67	0.97～1.0
	3～6 月	≥33	314～319	15.2～18.8	18.3～19.7	≥33	314～319	0.23～0.62	0.98
	7～10 月	≥76	314～1 117	12.6～21.2	18.3～20.0	≥33	314～320	0.17～0.20	0.97
河段 5：青铜峡—石嘴山	11 月～翌年 2 月	157～159	668～3 429	17.2～20.0	18.7～18.9	82～84	647～1 171	0.30～0.77	1.00
	3～6 月	631～632	825～9 666	18.4～20.4	18.5～19.3	71～73	630～803	0.25～0.60	1.00
	7～10 月	≥388	530～6 504	16.9～20.3	18.3～18.9	≥66	611～661	0.20～0.25	1.00
河段 6：石嘴山—三盛公	11 月～翌年 2 月	≥35	301～357	21.5～21.8	18.4～18.6	154～155	1 412～1 729	0.99～1.00	0.97
	3～6 月	≥33	301～355	21.5～22.0	18.2～18.6	167～168	1 412～1 729	0.99～1.00	0.96～0.97
	7～10 月	≥31	301～306	21.8～22.3	18.1～18.4	≥31	301～306	0.57～0.77	0.70～0.86

续表 3-13

计算河段	水期	COD				氨氮			
		径流量（亿 m^3）	流量（m^3/s）	背景浓度（mg/L）	控制断面浓度（mg/L）	径流量（亿 m^3）	流量（m^3/s）	背景浓度（mg/L）	控制断面浓度（mg/L）
河段 7:三盛公—三湖河口	11 月～翌年 2 月	≥8	≥86	28.8～31.1	19.5～20.0	≥8	≥86	1.29～1.95	0.53～0.71
	3～6 月	≥9	≥86	31.1～35.7	19.4～20.0	≥9	≥86	0.82～2.20	0.52～0.78
	7～10 月	≥9	≥86	22.7～35.7	19.3～20.0	≥9	≥86	0.49～0.92	0.52
河段 8:三湖河口—昭君坟	11 月～翌年 2 月	≥9	≥96	15.6～26.3	15.0～18.0	≥9	≥96	0.74～1.47	0.50～1.0
	3～6 月	≥10	≥96	15.9～29.6	15.0～20.0	≥10	≥96	0.43～1.47	0.50～1.0
	7～10 月	≥10	≥96	15.9～27.7	15.0～18.3	≥10	≥96	0.24～0.36	0.50
河段 9:昭君坟—头道拐	11 月～翌年 2 月	52～53	85～664	17.0～20.8	15.0～17.3	≥138	254～1 696	0.52～0.96	0.82～0.93
	3～6 月	42～43	86～946	15.4～20.8	15.0～17.5	122～123	413～1 892	0.53～0.92	0.83～0.93
	7～10 月	≥35	83～758	16.2～20.9	15.0～17.2	≥27	261～271	0.26～0.50	0.79～0.81
河段 10:头道拐—万家寨大坝	11 月～翌年 2 月	≥7	69～70	16.6～21.6	15.0～16.9	≥7	69～70	0.74～1.11	0.56～0.81
	3～6 月	≥7	≥69	15.1～22.0	15.0～16.6	≥7	≥69	0.49～1.12	0.50～0.78
	7～10 月	≥9	69～124	16.5～21.2	15.0～17.1	≥7	69～76	0.34～1.08	0.58～0.83
河段 11:万家寨大坝—府谷	11 月～翌年 2 月	≥91	69～3 324	16.6～20.8	15.0～20.0	≥7	69～70	0.74～1.27	0.58～1.0
	3～6 月	≥7	≥69	15.1～26.1	15.0～20.0	≥7	≥69	0.49～1.29	0.50～0.99
	7～10 月	≥88	69～2 912	16.5～23.9	19.0～20.0	≥7	69～76	0.34～1.09	0.50～0.77
河段 12:府谷—吴堡	11 月～翌年 2 月	9～10	87～106	12.2～16.6	15.0	9～10	87～106	0.66～1.73	0.50～1.0
	3～6 月	9～10	87～107	15.3～18.8	15.0	9～10	87～107	0.54～1.88	0.50～1.0
	7～10 月	≥9	87～119	13.5～17.5	15.0	≥9	87～119	0.32～0.53	0.50

续表 3-13

计算河段	水期	COD				氨氮			
		径流量（亿 m^3）	流量（m^3/s）	背景浓度（mg/L）	控制断面浓度（mg/L）	径流量（亿 m^3）	流量（m^3/s）	背景浓度（mg/L）	控制断面浓度（mg/L）
河段 13：吴堡—龙门	11 月～翌年 2 月	10～13	100～148	12.7～14.9	15.0	11～15	100～178	0.34～1.70	0.50～1.0
	3～6 月	10～13	100～137	16.5～23.1	15.0	10～13	100～137	0.41～1.74	0.50～1.0
	7～10 月	≥10	100～305	10.8～23.1	15.0～18.0	≥10	100～305	0.31～0.50	0.50～0.98
河段 14：龙门—潼关	11 月～翌年 2 月	123～140	707～1 989	11.0～15.3	20.0	659～675	2 797～9 833	0.27～0.95	1.00
	3～6 月	330～337	1 102～7 890	16.1～20.6	20.0	329～336	672～8 039	0.22～0.98	1.00
	7～10 月	≥57	137～1 881	13.6～15.8	16.2～20.0	725～725	2 566～10 190	0.14～0.25	1.00
河段 15：潼关—三门峡	11 月～翌年 2 月	110～111	936～1223	21.5～21.8	20.0	199～200	1 855～1 983	0.95～0.98	1.00
	3～6 月	≥94	785～1036	21.6～22.1	20.0	200～201	1 837～1 982	0.96～0.96	1.00
	7～10 月	≥47	148～777	19.3～22.2	19.7～20.0	≥168	856～1 950	0.85～0.99	1.00
河段 16：三门峡—小浪底	11 月～翌年 2 月	17～18	165～174	15.6～22.9	15.1～20.0	17～18	165～174	1.13～1.14	0.99
	3～6 月	17～18	165～172	16.5～23.3	15.0～20.0	17～8	165～172	0.91～1.18	0.78～1.0
	7～10 月	≥17	165～175	16.2～23.4	15.0～19.7	≥17	165～175	0.33～1.18	0.5～1.0
河段 17：小浪底—花园口	11 月～翌年 2 月	26～32	150～556	10.0～16.9	15.5～20.0	131～138	603～1 977	0.06～0.90	0.99～1.0
	3～6 月	16～19	150～197	9.8～13.3	15.9～20.0	117～121	249～2 015	0.06～0.98	1.00
	7～10 月	147～147	323～3 139	9.8～13.1	20.0	≥71	340～1 169	0.06～0.32	1.00

表 3-14　黄河现状稀释水量满足程度分析

河段名称	COD			氨氮		
	临界浓度（mg/L）	自净水量（m^3/s）	备注	临界浓度（mg/L）	自净水量（m^3/s）	备注
河段 1：八盘峡大坝—大峡大坝						
河段 2：大峡大坝—五佛寺	—	—		0.97	1 922	4 月份无法满足氨氮自净需水
河段 3：五佛寺—下河沿	—	—		—		
河段 4：下河沿—青铜峡	21.2	1 111	7、8 月份无法满足自净需水	—		
河段 5：青铜峡—石嘴山	20.2 ~ 20.4	5 870 ~ 9 653	3 月份、5 ~ 8 月份无法满足自净需水	—		
河段 6：石嘴山—三盛公	21.5 ~ 22.3	301 ~ 352	全年无法满足自净需水	0.99 ~ 1.00	1 412 ~ 1 724	1 ~ 6 月份、12 月份无法满足氨氮自净需水
河段 7：三盛公—三湖河口	31.1 ~ 35.7	86	1 ~ 4 月份、6 ~ 7 月份及 12 月份无法满足 COD 自净需水，当背景浓度在临界浓度范围内取值时，$P = 90\%$ 保证率的最枯月平均流量即可满足自净需水			
河段 8：三湖河口—昭君坟	29.6	96	4 月份无法满足 COD 自净需水，当背景浓度在临界浓度范围内取值时，$P = 90\%$ 保证率的最枯月平均流量即可满足自净需水要求	1.47	96	1 ~ 3 月份无法满足氨氮自净需水，当即背景浓度在临界浓度范围内取值时，$P = 90\%$ 保证率的最枯月平均流量即可满足自净需水要求
河段 9：昭君坟—头道拐	20.8 ~ 20.9	658 ~ 941	2 月份、4 月份及 10 ~ 12 月份无法满足 COD 自净需水	0.92 ~ 0.96	1 692 ~ 1 887	1 ~ 4 月份及 12 月份无法满足氨氮自净需水

续表 3-14

河段名称	COD			氨氮		
	临界浓度（mg/L）	自净水量（m^3/s）	备注	临界浓度（mg/L）	自净水量（m^3/s）	备注
河段 10：头道拐—万家寨大坝	21.0 ~ 21.9	69 ~ 117	4 ~ 5 月份、7 月份及 10 月份无法满足 COD 自净需水	1.08 ~ 1.12	69	1 ~ 5 月份、7 月份及 12 月份无法满足氨氮自净需水，当背景浓度在临界浓度范围内取值时，$P = 90\%$ 保证率的最枯月平均流量即可满足自净需水要求
河段 11：万家寨大坝—府谷	21.0 ~ 26.1	69 ~ 3 323	4 ~ 5 月份、7 月份及 10 ~ 11 月份无法满足 COD 自净需水	1.26 ~ 1.29	69	1 ~ 5 月份及 12 月份无法满足氨氮自净需水，当背景浓度在临界浓度范围内取值时，$P = 90\%$ 保证率的最枯月平均流量即可满足自净需水要求
河段 12：府谷—吴堡	—	—	—	1.70 ~ 1.88	87	1 ~ 3 月份无法满足氨氮自净需水，当即背景浓度在临界浓度范围内取值时，$P = 90\%$ 保证率的最枯月平均流量即可满足自净需水要求
河段 13：吴堡—龙门	—	—	—	1.23 ~ 1.74	100 ~ 158	1 ~ 3 月份无法满足氨氮自净需水
河段 14：龙门—潼关	—	—	—	0.92 ~ 0.98	8 001 ~ 9 785	1 ~ 3 月份无法满足氨氮自净需水
河段 15：潼关—三门峡	21.5 ~ 22.2	663 ~ 1 219	1 ~ 7 月份、9 月份及 11 ~ 12 月份无法满足 COD 自净需水	0.95 ~ 0.99	1 837 ~ 1 979	1 ~ 6 月份及 9 ~ 12 月份无法满足氨氮自净需水
河段 16：三门峡—小浪底	22.9 ~ 23.3	165	1 ~ 2 月份及 5 月份无法满足 COD 自净需水，当背景浓度在临界浓度范围内取值时，$P = 90\%$ 保证率的最枯月平均流量即可满足自净需水要求	1.13 ~ 1.18	165	1 ~ 3 月份、5 ~ 7 月份及 11 ~ 12 月份无法满足氨氮自净需水，当背景浓度在临界浓度范围内取值时，$P = 90\%$ 保证率的最枯月平均流量即可满足自净需水要求
河段 17：小浪底—花园口	—	—	—	0.90 ~ 0.98	1 802 ~ 1 979	2 ~ 4 月份无法满足氨氮自净需水

河段2:大峡大坝—五佛寺

COD:$P=90\%$ 保证率的最枯月平均流量可以完全满足各月水体稀释需水要求。

氨氮:$P=90\%$ 保证率的最枯月平均流量可以满足部分月份(11月)的水体稀释需水要求,其余月份的水体稀释需水流量在336~1 927 m^3/s 之间取值,首断面浓度范围在0.73~0.97 mg/L之间。

河段3:五佛寺—下河沿

COD:$P=90\%$ 保证率的最枯月平均流量可以完全满足各月水体稀释需水要求。

氨氮:$P=90\%$ 保证率的最枯月平均流量可以完全满足各月水体稀释需水要求。

河段4:下河沿—青铜峡

COD:除了7、8月份无法满足水体稀释需水要求以外,$P=90\%$ 保证率的最枯月平均流量可以完全满足其他各月水体稀释需水要求;其中7、8月份的临界浓度值为21.2 mg/L,对应最小水体稀释需水量均为1 111 m^3/s。

氨氮:$P=90\%$ 保证率的最枯月平均流量可以完全满足各月水体稀释需水要求。

河段5:青铜峡—石嘴山

COD:只有1、2、4、9~12月份能够满足水体稀释需水要求,首断面各月浓度的取值范围为16.8~20.0 mg/L,水体稀释需水量取值范围为530~9 666 m^3/s;其余各月由于青铜峡断面来水浓度较高,临界浓度取值范围为20.2~20.4 mg/L,对应最小水体稀释需水量取值范围为5 870~9 653 m^3/s。

氨氮:首断面各月浓度的取值范围为0.20~0.77 mg/L,水体稀释需水量取值范围为611~1 171 m^3/s。

河段6:石嘴山—三盛公

COD:由于石嘴山断面各月来水浓度较高(27.6~43.9 mg/L),全年均无法满足水体稀释需水。各月临界浓度取值范围是21.5~22.3 mg/L,$P=90\%$ 保证率的最枯月平均流量基本可以满足各月水体稀释需水要求,月份最大水体稀释需水量为357 m^3/s。

氨氮:$P=90\%$ 保证率的最枯月平均流量可以满足7~11月份水体稀释需水要求;其余各月份由于石嘴山断面来水浓度较高(1.32~2.09 mg/L),在现状年条件下无法满足水体稀释需水,其临界浓度取值范围是0.99~1.00 mg/L,对应水体稀释需水量取值范围为1 412~1 724 m^3/s。

河段7:三盛公—三湖河口

COD:$P=90\%$ 保证率的最枯月平均流量可以满足5、8~10月份水体稀释需水要求;其余各月份由于三盛公断面来水浓度较高(34.1~43.9 mg/L)在现状年条件下无法满足水体稀释需水,其临界浓度取值范围是31.1~35.7 mg/L,此时 $P=90\%$ 保证率的最枯月平均流量可以完全满足水体稀释水量要求。

氨氮:$P=90\%$ 保证率的最枯月平均流量可以完全满足各月水体稀释需水要求。

河段8:三湖河口—昭君坟

COD:$P=90\%$ 保证率的最枯月平均流量可以满足大部分月份水体稀释需水要求,4月份除外;其临界浓度取值范围是29.6 mg/L,此时 $P=90\%$ 保证率的最枯月平均流量可以完全满足水体稀释水量要求。

氨氮:$P=90\%$保证率的最枯月平均流量可以满足大部分月份水体稀释需水要求,1~3月份除外;1~3月份的临界浓度值都是1.47 mg/L,此时$P=90\%$保证率的最枯月平均流量可以完全满足水体稀释水量要求。

河段9:昭君坟—头道拐

COD:只有1、3、5~9月份可以满足水体稀释需水,首断面浓度取值15.4~20.8 mg/L,水体稀释需水取值85~471 m^3/s;其余各月份的临界浓度取值范围是20.8~20.9 mg/L,水体稀释需水取值658~941 m^3/s。

氨氮:只有5~11月份可以满足水体稀释需水,浓度取值0.26~0.64 mg/L,水体稀释需水取值254~528 m^3/s;其余各月份的临界浓度取值范围是0.92~0.96 mg/L,水体稀释需水取值1 692~1 887 m^3/s。

河段10:头道拐—万家寨大坝

COD:只有1~3、6、8~9、11~12月份可以满足水体稀释需水,浓度取值15.1~22.0 mg/L,$P=90\%$保证率的最枯月平均流量可以完全满足水体稀释水量要求;其余各月份的临界浓度取值范围是21.0~21.9 mg/L,此时$P=90\%$保证率的最枯月平均流量可以基本满足水体稀释水量要求,月份最大水体稀释需水量为117 m^3/s。

氨氮:只有6、8~11月份可以满足水体稀释需水,首断面浓度取值0.34~0.74 mg/L,$P=90\%$保证率的最枯月平均流量可以完全满足水体稀释需水要求;其余各月份的临界浓度取值范围是1.10~1.12 mg/L,此时$P=90\%$保证率的最枯月平均流量可以完全满足水体稀释水量要求。

河段11:万家寨大坝—府谷

COD:只有1~3、6、8~9、12月份可以满足水体稀释需水,首断面浓度取值15.1~22.0 mg/L,$P=90\%$保证率的最枯月平均流量可以满足大部分月份的水体稀释水量要求,最大水体稀释水量为275 m^3/s;其余各月份的临界浓度取值范围是20.8~26.1 mg/L,此时$P=90\%$保证率的最枯月平均流量可以基本满足水体稀释水量要求,月份最大水体稀释需水量为3 323 m^3/s。

氨氮:$P=90\%$保证率的最枯月平均流量可以满足大部分月份水体稀释需水要求,1~5、12月份除外;临界浓度取值范围是1.26~1.29 mg/L,此时$P=90\%$保证率的最枯月平均流量可以完全满足水体稀释水量要求。

河段12:府谷—吴堡

COD:$P=90\%$保证率的最枯月平均流量可以完全满足各月水体稀释需水要求。

氨氮:除1~3月份以外,$P=90\%$保证率的最枯月平均流量可以完全满足各月水体稀释需水要求;1~3月份的临界浓度范围是1.70~1.88 mg/L,此时$P=90\%$保证率的最枯月平均流量可以完全满足水体稀释水量要求。

河段13:吴堡—龙门

COD:$P=90\%$保证率的最枯月平均流量可以完全满足各月水体稀释需水要求。

氨氮:除1~3月份以外,$P=90\%$保证率的最枯月平均流量可以完全满足各月水体稀释需水要求;1~3月份的临界浓度分别是1.23 mg/L、1.70 mg/L、1.74 mg/L,此时$P=90\%$保证率的最枯月平均流量可以基本满足水体稀释水量要求,月份最大水体稀释需水是158 m^3/s(1月份)。

河段14:龙门—潼关

COD:各月浓度的取值范围为11.0~20.6 mg/L,水体稀释需水量取值范围为137~7 800 m^3/s,其中P=90%保证率的最枯月平均流量可以完全满足9~10月份的水体稀释需水要求。

氨氮:1~3月份无法满足水体稀释需水要求,临界浓度取值范围是0.92~0.98 mg/L,水体稀释需水流量在8 001~9 785 m^3/s之间取值;其余各月份的浓度范围是0.14~0.72 mg/L,水体稀释需水量在672~8 832 m^3/s之间取值。

河段15:潼关—三门峡

COD:只有8、10月份可以满足水体稀释需水,其中8、10月份的污染物浓度分别为21.0 mg/L、19.3 mg/L,P=90%保证率的最枯月平均流量可以完全满足10月份的水体稀释水量要求,水体稀释需水的最大值是203 m^3/s(8月份);其余各月份的临界浓度取值范围是21.5~22.2 mg/L,水体稀释需水量取值范围为663~1 219 m^3/s。

氨氮:全年只有7、8月份可以满足水体稀释需水,其余各月临界浓度取值范围是0.95~0.99 mg/L,水体稀释需水量范围是1 837~1 979 m^3/s。

河段16:三门峡—小浪底

COD:只有3~4、6~12月份可以满足水体稀释需水,浓度取值范围15.6~23.4 mg/L,P=90%保证率的最枯月平均流量可以完全满足水体稀释水量要求;其余各月份的临界浓度取值范围是22.9~23.3 mg/L,此时P=90%保证率的最枯月平均流量可以完全满足水体稀释水量要求。

氨氮:只有4、8~10月份可以满足水体稀释需水,浓度取值范围0.33~1.09 mg/L,P=90%保证率的最枯月平均流量可以完全满足水体稀释水量要求;其余各月临界浓度取值范围是1.13~1.18 mg/L,此时P=90%保证率的最枯月平均流量可以完全满足水体稀释水量要求。

河段17:小浪底—花园口

COD:全年能够满足水体稀释需水,各月浓度取值范围9.8~16.9 mg/L,P=90%保证率的最枯月平均流量可以满足1~3、5~6月份水体稀释水量要求,其余各月水体稀释需水量范围是161~3 028 m^3/s。

氨氮:除2~4月份以外,其余各月份可以满足水体稀释需水,浓度取值范围0.06~0.32 mg/L,水体稀释需水量范围是249~1 618 m^3/s;2~4月份的临界浓度范围是0.90~0.98 mg/L,水体稀释需水量范围是1 802~1 979 m^3/s。

总的来看,黄河现状水体稀释需水呈现以下规律:

(1)黄河干流水体稀释需水量大小与上游来水水质、入黄支流及排污口流量以及入黄污染物实际排放浓度等因素密切相关。针对不同的污染物,所需水体稀释水量互不相同;在一种入黄污染物通量大小一定的情况下,上游来水水质越好,该河段水体稀释需水越小,反之则越大;当上游来水的污染物浓度超过一定界限,即临界浓度时,无论上游来水水量大小,均无法满足该河段的水体稀释需水要求。

(2)在黄河现状接纳污染物水平下,各个河段所需环境水量相差较大。现状接纳污染物较少、上游背景来水水质较好的部分河段，如八盘峡大坝—大峡大坝、三盛公—三湖河口、三湖河口—昭君坟、头道拐—万家寨大坝、万家寨大坝—府谷、府谷—吴堡、吴堡—龙门、三门峡—小浪底等，所需水体自净需水量较小，只需满足环境基流即可；而现状接纳污染物多、上游背景来水水质较差的部分河段，如大峡大坝—五佛寺、青铜峡—石嘴山、昭君坟—头道拐、龙门—潼关、潼关—三门峡、小浪底—花园口等，现状水平下所需环境水量较大，远大于环境基流，甚至于相当部分河段单凭水量的满足，即使河段背景来水水质达到水功能水质标准的下限，水质保护目标仍然无法得到满足，这与黄河现状接纳污染物状况、水质状况基本表现一致。

分析其原因，一方面是由于自身河段接纳污染物量太大，水体自净能力不足造成的；另一方面是由于上游河段污染严重影响下游河段而造成的。因此，从这个角度来看，黄河水体水质的改善，单靠河段自身无法得到实现，必须以流域治污作为根本，上下游统一而完成。

(3)年内，由于丰水高温期、枯水低温期、平水农灌期，水体自净能力有所不同，在相同排污条件下，所需水体稀释用水表现为平水期 < 枯水期 < 丰水期。

(4)对同一河段而言，年内接纳污染物相对稳定的河段，年内水体稀释用水整体变化不大；而对于以接纳来自支流污染物的部分河段，则受支流输污的影响，变化较大。

3.4.4.3 黄河下游水质保障条件分析

黄河花园口以下河段由于两岸大堤的约束，基本没有入黄排污口和支流汇入，河段水体水质主要取决于上游来水水量和水质。2000 年小浪底水库建成投入运行后，小浪底坝下出水受水库调控作用影响，水质相对来说比较稳定。经过多年监测发现，在小浪底—花园口河段现有排污条件下，小浪底水库作为黄河入海前的最后一个水利枢纽，其下泄水量、水质是下游河道水质、水量的控制性因素，利津与小浪底断面水质关系密切。因此，保证黄河小浪底一定下泄水量、水质，将对保障黄河河口段水体水质起到重要作用。

1)水量—水质关系分析

利用 2002 年 10 月 ~2005 年 10 月水质监测资料开展分析。

a. 小浪底下泄流量小于 300 m^3/s

在所调查的 33 个月中(调水调沙的 3 个月不计入)，小浪底下泄流量小于 300 m^3/s 的月份有 11 个，而当小浪底下泄水质 COD 浓度低于 30 mg/L 时，当月利津断面的 COD 浓度基本保持在 20 mg/L 以下。由此可见，在小浪底下泄流量小于 300 m^3/s 时，其下泄河水 COD 浓度若满足Ⅳ类水质，则利津断面 COD 浓度基本可满足Ⅲ类水质要求。氨氮浓度的沿程变化显示：在该流量条件以及现有排污条件下，只有小浪底下泄水体的氨氮满足Ⅲ类水质要求时，利津断面水体浓度才能达到Ⅲ类水质标准。

b. 小浪底下泄流量介于 300 ~600 m^3/s

调查时段内小浪底下泄流量在 300 ~600 m^3/s 的有 10 个月，下泄水质 COD 浓度在 10 ~40 mg/L 之间，当月利津断面的 COD 浓度多集中在 20 mg/L 以下。在该流量下，利津断面水质 COD 满足Ⅲ类水质的保障率为 80%。

分析计算可知，在该流量以及现有排污条件下，利津断面水质氨氮达标率为 80%。且在此流量级下，若小浪底断面 COD 和氨氮达到Ⅳ类水质，则当月利津断面的 COD 和氨氮均可达到Ⅲ类水质标准。

c. 小浪底下泄流量介于 600 ~ 1 000 m^3/s

调查时段内小浪底下泄流量在 600 ~ 1 000 m^3/s 的有 8 个月，除 2004 年 3 月以外，下泄水质均较好，COD 浓度均低于 20 mg/L，对应的当月利津断面的 COD 浓度也基本低于 20 mg/L（唯有 2003 年 12 月情况特殊，原因是该段时间发生“潼关污染事件”）。

现有排污条件下，在小浪底下泄流量为 600 ~ 1 000 m^3/s 时，利津断面氨氮均满足Ⅲ类水质标准。

d. 小浪底下泄流量大于 1 000 m^3/s

经调查，现有排污条件下，当小浪底下泄水量大于 1 000 m^3/s 时，小浪底以下各断面水质均相对较好，利津断面水质均达Ⅲ类水质标准。

以上根据流量大小分别统计了 4 种水量状态下各月小浪底—利津断面的 COD 浓度，分析发现，当小浪底下泄水量大于 300 m^3/s 时，利津断面Ⅲ类水质保证率可达到 80%，当小浪底下泄水量大于 600 m^3/s 时，利津断面可保证Ⅲ类水质。在各流量级下，当小浪底下泄水质 COD 浓度不超过Ⅳ类水质标准时，利津断面的 COD 浓度基本满足Ⅲ类水质标准；当小浪底下泄水质 COD 浓度超过 50 mg/L 时，当月利津断面的 COD 浓度基本上超过 30 mg/L。

2）利津断面水质论证

a. 小浪底下泄水量—利津断面水质

（1）控制断面的选择。根据河段情况，选取上游小浪底断面为利津水质控制断面。

（2）满足水质条件分析。根据《地表水环境质量标准》（GB 3838—2002）》，对黄河利津断面水质监测成果进行单因子评价分析，满足Ⅲ类水质为达标。

在现实排污稳定的情况下，断面流量与水质之间具有一定响应规律，可以利用这种规律来探讨，保证黄河干流达到Ⅲ类水各断面所需要的最低水量，水质保证率法论证思路见图 3-12。

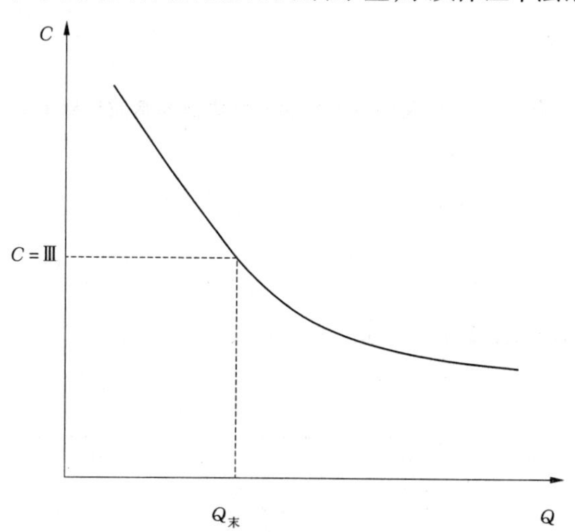

图 3-12　水质保证率法论证思路示意图

33 个水质—流量样本水质达标情况评价结果（见图 3-13）可以看出，在现有排污条件下，总体上，利津断面水质评价结果与对应小浪底下泄流量具有较好的相关关系。大流量（300 m^3/s 以上）情况下水质好，达标率高，小流量（230 m^3/s 以下）对应水质差，达标率低。

因此，在这里引入水质保证率的概念，即将各断面多年流量、水质监测样本对应排列。

对应的水质－水量样本里，若在某一流量 Q_1 以上各流量样本均水质达标，对应的水质保证率为100%；

若在某一流量 Q_2 以上仅一次流量样本水质不达标，对应的水质保证率为 $(n_2-1)/n_2\times100\%$，n_2 为流量 Q_2 以上流量样本数；

若在某一流量 Q_3 以上有2次流量样本水质不达标，对应的水质保证率为 $(n_3-2)/n_3\times100\%$，n_3 为流量 Q_3 以上流量样本数；

……

若在某一流量 Q_n 以上有 m 次流量样本水质不达标，对应的水质保证率为 $(n-m)/n\times100\%$，n 为流量 Q_n 以上流量样本数。

分析可知，现有排污条件下，利津断面总体水质保证率为76%。当小浪底下泄流量 Q 达到230 m^3/s 以上时，利津断面水质保证率为82%；当小浪底下泄流量低于230 m^3/s 时，利津断面的水质保证率仅为55%。

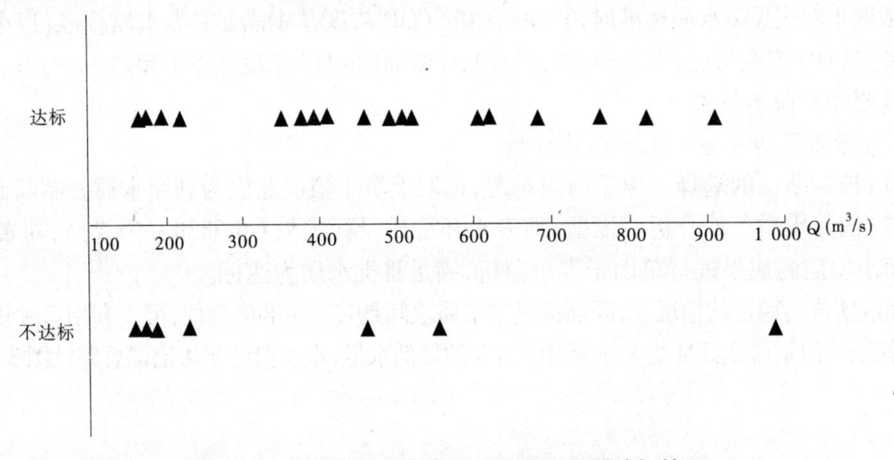

图3-13　小浪底下泄水量—利津断面水质达标情况

b. 利津断面对应水量与水质

同理可得利津断面对应水量、水质达标情况（见图3-14）。

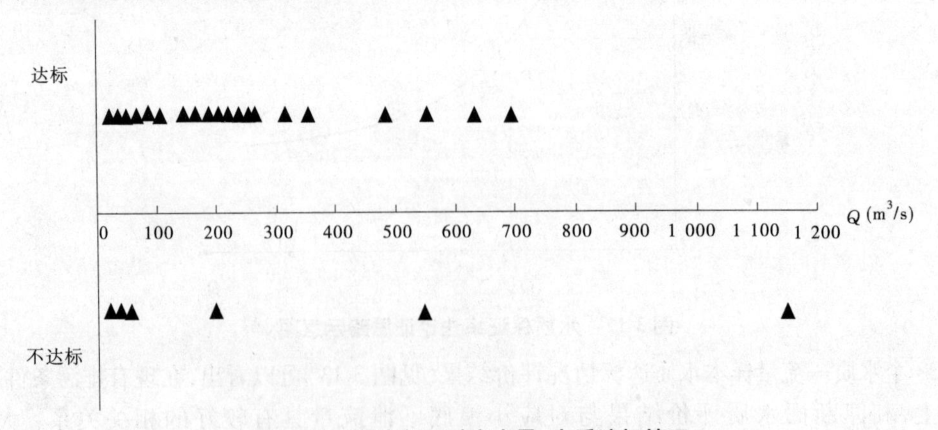

图3-14　利津断面对应水量、水质达标情况

在现有排污条件下，利津断面Ⅲ类水质保证率为76%；当利津断面水量小于68 m^3/s

时,水质保证率仅为44%;水量大于或等于88 m³/s时,水质保证率达到87%。因此,为保证利津断面水质,则利津断面水量应大于90 m³/s。

c. 小浪底下泄水质对应利津断面水质

小浪底下泄水质对利津断面水质影响很大,在现有排污条件下,当小浪底下泄水质为劣Ⅴ类时,利津断面Ⅲ类水质保证率仅为29%;而当小浪底下泄水质不超过Ⅴ类水质时,利津断面Ⅲ类水质保证率均在80%以上。小浪底下泄水质对应利津断面水质状况见图3-15。

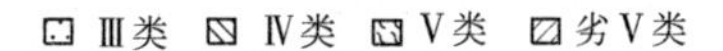

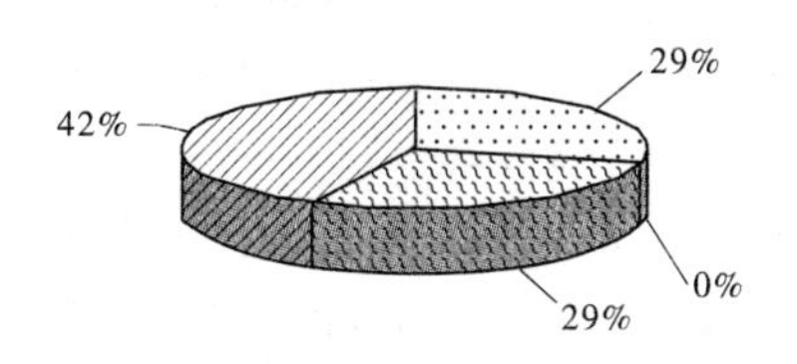

小浪底水质为劣Ⅴ类时

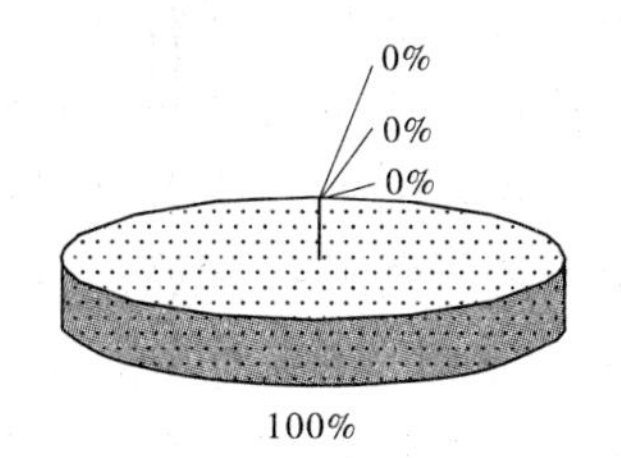

小浪底水质为Ⅴ类时

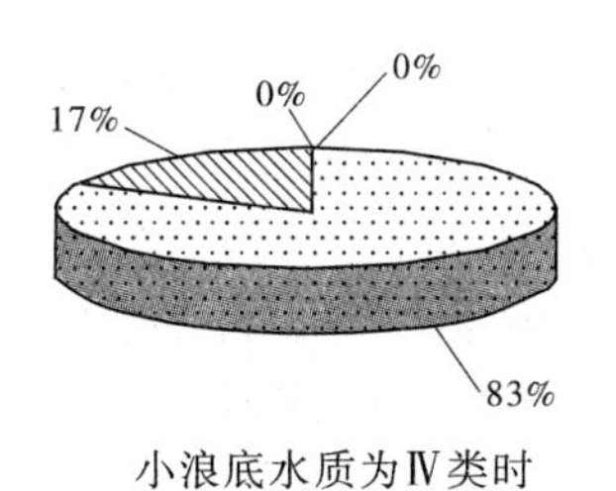

小浪底水质为Ⅳ类时

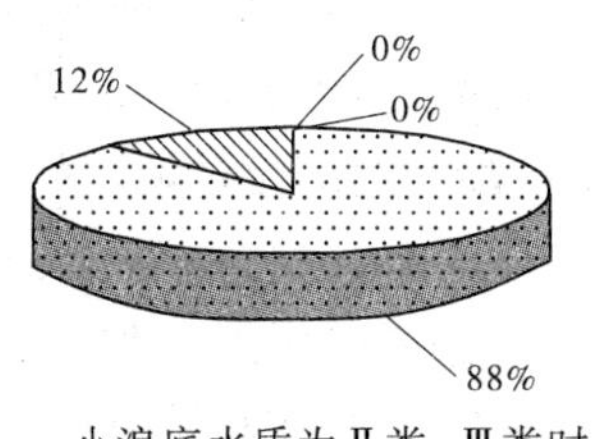

小浪底水质为Ⅱ类、Ⅲ类时

图3-15 小浪底下泄水质对应利津断面水质达标情况

由图3-15可以看出,当小浪底下泄水质为劣Ⅴ类时,利津断面Ⅲ类水质保证率仅为29%;而当小浪底下泄水质不超过Ⅴ类水质时,利津断面Ⅲ类水质保证率均在80%以上。

根据黄河河口生态环境需水研究专题成果[49],黄河河口地区生态需水量计算成果见表3-15。

表3-15 黄河小浪底以下河段生态环境需水量

序号	水文断面名称	适宜水量		最小水量	
		流量(m^3/s)	径流量(11月~翌年6月)(亿m^3)	流量(m^3/s)	径流量(11月~翌年6月)(亿m^3)
1	小浪底	450	95	260	55
2	花园口	480	101	300	63
3	高村	370	78	140	30
4	泺口	300	63	100	21
5	利津	300	63	100	21

3) 小结

20 世纪 80 年代所编《黄河水资源保护规划》及其相关研究中，针对水资源和水环境保护需要，提出花园口站最小流量不应低于 250 m^3/s。国务院所批复的《黄河近期重点治理规划》中明确提出，为维持黄河下游河道生态环境基本需要，非汛期(11 月 ~ 翌年 6 月)入海水量应不少于 50 亿 m^3，其入海最小流量控制在 50 m^3/s 以上。由黄河流域水资源保护局完成的“九五”国家重点科技攻关子专题(98 - 928 - 01 - 02 - 04)《三门峡以下水环境保护研究》(已通过审查验收)，在收集大量国内外资料基础上，运用多种方法，对黄河小浪底以下至入海口河段的生态环境需水量进行了比较深入细致的分析研究。经归纳整合，花园口河段最小生态环境需水量基本界定在 300 m^3/s 左右。另外，从小浪底水库发电功能和装机状况看，其单机运行时下泄流量亦在 300 m^3/s 左右。

综合上述研究成果，紧密结合小浪底水库的调控作用和运行特点，考虑黄河下游的实际情况和河道水环境生态需求，确定在黄河小浪底以下河段水量统一调度的情况下，小浪底下泄水量应不低于 300 m^3/s，水质不低于Ⅳ类水质标准，保证入海最小流量控制在 100 m^3/s 以上，能够满足河口Ⅲ类水质的要求；当小浪底下泄水量低于 300 m^3/s 时，应严格控制黄河小浪底以下河段引黄水量，保证入海最小流量控制在 50 m^3/s 以上，并加强黄河水域限制排污工作，严格控制入黄污染物总量。

3.4.4.4 现状稀释水量推荐结果

将自净水量模型研究成果与最枯月流量法、水质保证率法成果进行对比分析，考虑黄河上下游断面之间流量的匹配性、水流演进，以及黄河水资源可调控性等多种因素，推荐黄河现状年重要水文断面水体稀释需水量。其中，COD 和氨氮两种污染物所稀释水量差别很大，考虑氨氮污染主要是由于城市生活污水未经处理直接排放造成的，其控制和工业点源有所不同，主要和城市污水处理规划有关，现状是难以控制的，因此环境水量的取值主要依据 COD 计算结果。

黄河现状年稀释水量推荐结果见表 3-16。

表 3-16 黄河现状年稀释水量推荐结果 (单位：m^3/s)

断面名称	11 月 ~ 翌年 2 月	3 ~ 6 月	7 ~ 10 月
兰州	330 ~ 410	330 ~ 420	330 ~ 490
下河沿	310 ~ 330	310 ~ 330	310 ~ 330
石嘴山	310 ~ 350	300 ~ 310	300 ~ 310
头道拐	660 ~ 760	140 ~ 470	200 ~ 320
龙门	700 ~ 770	>1 000	140 ~ 200
潼关	>1 100	800 ~ 1 100	150 ~ 770
小浪底	260 ~ 460	>260	>800
花园口	300 ~ 500	>290	>800
高村	280 ~ 440	>270	>800
利津	>100	>100	>100

3.4.5 黄河干流重要水质断面多年水质样本及模型适应性分析

3.4.5.1 水质保证率法初步分析

一般来说，河流水质的优劣与流量大小有一定关系，在一定纳污状况下，通常是流量越大水质越好，反之越差，但两者并非线性关系，在黄河上表现尤其突出。由于受多种因素影响，如含沙量大小及颗粒级配组成、来水区间、点面源污染影响，以及干支流水量组合等，关系比较复杂。采用 2002 年 10 月 ~2006 年 10 月黄河干流水量、水质监测成果，以 COD 作为控制因子，利用水质保证率法进行水量分析，初步分析结果见图 3-16。总体来看，黄河干流水质沿程呈现出一定的变化规律，河段水质和污染物输入响应关系密切，但是水质保证率法初步分析成果整体上关系不是特别理想，只能作为参考。

3.4.5.2 模型初步验证

黄河多年平均自净需水对应水质保证率初步成果见表 3-17。

理论上讲，如果自净水量条件下黄河干流水质满足水质目标的样本数比较高的话，则说明模型适应性较好。结果表明，黄河重要水文断面兰州、龙门两断面现状年自净水量基本和现状所测水量水质能够基本吻合，下河沿、头道拐和花园口断面样本符合点数在 50% 左右，而石嘴山、潼关两断面水质水量对应关系较差，主要是因为在石嘴山上断面上游附近就有排污口排入，对断面水质影响很大，而潼关上断面十几公里有渭河汇入，影响潼关断面较大造成的。总体来说，黄河水量水质响应关系比较复杂，特别是在现状很多排污口超标排放的状况下，但对于排污口相对不是很集中的河段，模型适应性比较好，自净水量研究的基础是排污口达标排放和支流满足入黄水质要求，因此研究认为黄河自净水量模型能够用于黄河自净需水量计算。

表 3-17 黄河多年平均自净需水对应水质保证率初步成果

断面名称	11 月 ~ 翌年 2 月	3 ~ 6 月	7 ~ 10 月
兰州	>90%	>90%	>90%
下河沿	55%	55%	55%
石嘴山	10%	10%	10%
头道拐	40% ~50%	40%	40%
龙门	70%	60%	60%
潼关	20%	20% ~30%	25%
花园口	40% ~45%	40%	30%

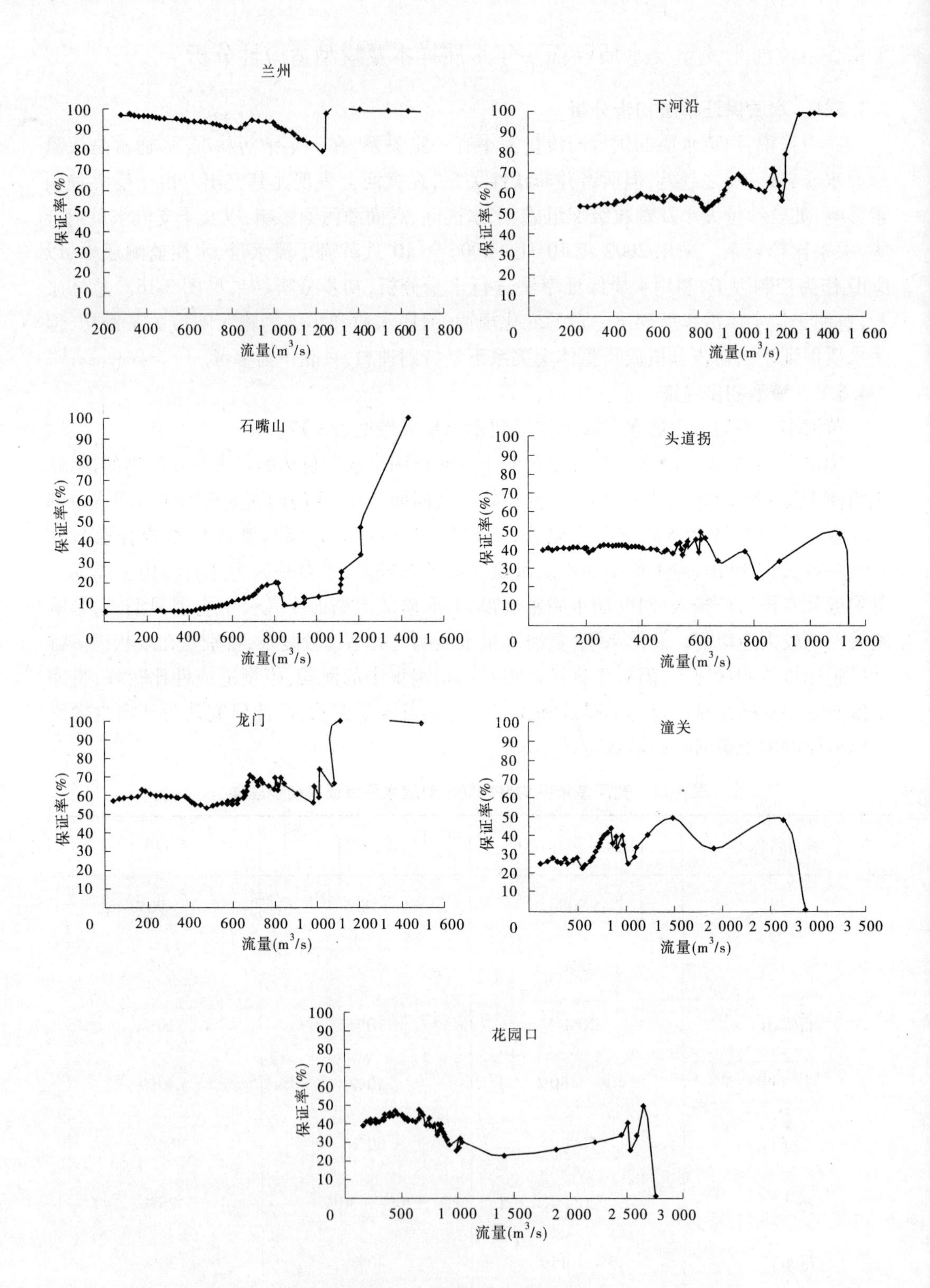

图 3-16　黄河干流重要水文断面水质保证率法计算成果(COD)

3.5 黄河自净需水量计算

3.5.1 入黄支流水质保护目标

根据“中国水功能区划[48]”,支流入黄水质按功能区划水质目标控制。若支流没有明确水功能区要求,则最少满足一般景观用水要求,即其入黄水质最低应达到地面水Ⅴ类标准,若现状水质已优于Ⅴ类水质,入黄水质则按现状水质控制。

黄河重要支流2030年入黄控制水质保护目标见表3-18。

表3-18　黄河重要支流2030年入黄控制水质保护目标

河段名称	支流名称	水质目标	控制浓度(mg/L)	
			COD	氨氮
八盘峡大坝—大峡大坝	庄浪河	Ⅲ类	15~20	0.5~1.0
大峡大坝—五佛寺	祖厉河	Ⅴ类	30~40	1.5~2.0
下河沿—青铜峡	清水河	Ⅳ类	20~30	1.0~1.5
昭君坟—头道拐	昆都仑河	Ⅴ类	30~40	1.5~2.0
	四道沙河	Ⅴ类	30~40	1.5~2.0
头道拐—万家寨大坝	大黑河	Ⅳ类	20~30	1.0~1.5
万家寨大坝—府谷	偏关河	Ⅴ类	30~40	1.5~2.0
	皇甫川	Ⅳ类	20~30	1.0~1.5
府谷—吴堡	窟野河	Ⅲ类	15~20	0.5~1.0
	秃尾河	Ⅲ类	15~20	0.5~1.0
吴堡—龙门	无定河	Ⅲ类	15~20	0.5~1.0
	延河	Ⅳ类	20~30	1.0~1.5
龙门—潼关	汾河	Ⅳ类	20~30	1.0~1.5
	涑水河	Ⅴ类	30~40	1.5~2.0
	渭河	Ⅳ类	20~30	1.0~1.5
潼关—三门峡	宏农涧河	Ⅴ类	30~40	1.5~2.0
	苍龙涧河	Ⅴ类	30~40	1.5~2.0
小浪底—花园口	伊洛河	Ⅳ类	20~30	1.0~1.5
	汜水河	Ⅴ类	30~40	1.5~2.0
	新蟒河	Ⅴ类	30~40	1.5~2.0
	沁蟒河	Ⅳ类	20~30	1.0~1.5

3.5.2 现状年黄河自净需水量

3.5.2.1 黄河沿岸城市废污水及污染物达标排放量

在工业点源达标排放,城市生活污水按照黄河沿岸城市现状城市污水处理水平的情况下,黄河沿岸城市废污水及污染物达标排放量结果见表3-19。

表3-19 黄河沿岸城市废污水及污染物达标排放量结果

城市名称	COD(t/a)	氨氮(t/a)
兰州市	31 418	4 713
白银市	11 845	1 777
石嘴山市	33 324	4 041
吴忠市	17 991	2 699
乌海市	4 020	603
巴彦淖尔盟	2 320	259
包头市	12	0
呼和浩特	1 135	102
忻州市	213	7
运城市	2 934	440
榆林市	276	41
渭南市	908	136
三门峡市	6 038	906
焦作市	5 140	771
合计	117 574	16 495

3.5.2.2 模型计算结果

1)黄河自净需水量结果

现状年黄河自净需水量模型计算结果见表3-20。

河段1:八盘峡大坝—大峡大坝

COD:首断面浓度范围在8.7~20.0 mg/L时,满足自净需水要求的流量范围为331~352 m^3/s,控制断面浓度范围为15.1~19.2 mg/L。因此,$P=90\%$保证率的最枯月平均流量基本满足各月自净需水要求。

氨氮:首断面氨氮浓度为0.33~1.0 mg/L时,满足自净需水要求的流量范围为331~2 851 m^3/s,控制断面浓度为0.81~1.0 mg/L。因此,$P=90\%$保证率的最枯月平均流量基本满足各月自净需水要求。

河段2:大峡大坝—五佛寺

COD:首断面浓度范围为15.1~20.0 mg/L时,满足自净需水要求的流量范围为308~

表 3-20　黄河自净需水量模型计算结果

计算河段	水期	时期	COD				氨氮			
			径流量（亿 m^3）	流量（m^3/s）	背景浓度（mg/L）	控制断面浓度（mg/L）	径流量（亿 m^3）	流量（m^3/s）	背景浓度（mg/L）	控制断面浓度（mg/L）
河段 1:八盘峡大坝—大峡大坝	11 月～翌年 2 月	2005 年	34～36	331～352	8.7～20.0	15.1～19.1	34～280	331～2 787	0.33～1.00	0.81～1.00
		2030 年	34～46	331～463	8.7～20.0	16.1～20.0	41～857	391～8 533	0.33～1.00	1.00
	3～6 月	2005 年	34～36	331～350	9.7～20.0	15.2～19.2	34～282	331～2 851	0.40～1.00	0.81～1.00
		2030 年	34～45	331～463	9.7～20.0	16.2～20.0	41～846	392～8 533	0.40～1.00	1.00
	7～10 月	2005 年	35～36	331～341	12.1～20.0	15.1～19.2	35～264	331～2 486	0.38～1.00	0.82～1.00
		2030 年	35～41	331～395	12.1～20.0	16.2～20.0	43～766	398～7 215	0.38～1.00	1.00
河段 2:大峡大坝—五佛寺	11 月～翌年 2 月	2005 年	31～32	308～312	15.1～20.0	15.0～16.8	31～93	308～903	0.81～1.00	0.81～0.93
		2030 年	31～32	308～312	16.1～20.0	15.0～17.7	60～69	582～682	1.00～1.00	0.92～0.93
	3～6 月	2005 年	32～33	308～316	15.2～20.0	15.0～16.9	32～79	308～859	0.81～1.00	0.79～0.93
		2030 年	32～33	308～316	16.2～20.0	15.0～16.8	51～51	444～563	1.00～1.00	0.90～0.92
	7～10 月	2005 年	32～33	308～325	15.1～20.0	15.0～17.0	32～71	308～721	0.82～1.00	0.79～0.92
		2030 年	32～33	308～324	16.2～20.0	15.0～17.2	45～46	374～472	1.00～1.00	0.90
河段 3:五佛寺—下河沿	11 月～翌年 2 月	2005 年	≥31	≥308	15.0～20.0	15.0～18.3	≥31	≥308	0.81～1.00	0.73～0.91
		2030 年	≥31	≥308	15.0～20.0	15.0～18.3	≥31	≥308	0.92～1.00	0.83～0.91
	3～6 月	2005 年	≥32	≥308	15.0～20.0	15.0～18.3	≥32	≥308	0.79～1.00	0.71～0.91
		2030 年	≥32	≥308	15.0～20.0	15.0～18.3	≥32	≥308	0.90～1.00	0.81～0.91
	7～10 月	2005 年	≥32	≥308	15.0～20.0	15.0～18.2	≥32	≥308	0.79～1.00	0.70～0.90
		2030 年	≥32	≥308	15.0～20.0	15.0～18.2	≥32	≥308	0.90～1.00	0.80～0.90

续表 3-20

计算河段	水期	时期	COD				氨氮			
			径流量（亿 m^3）	流量（m^3/s）	背景浓度（mg/L）	控制断面浓度（mg/L）	径流量（亿 m^3）	流量（m^3/s）	背景浓度（mg/L）	控制断面浓度（mg/L）
河段 4：下河沿—青铜峡	11 月～翌年 2 月	2005 年	32～33	314～321	15.0～20.0	15.4～16.4	32～33	314～321	0.73～1.00	0.64～0.86
		2030 年	32～33	314～321	15.0～20.0	15.8～16.8	32～34	314～341	0.83～1.00	0.85～1.0
	3～6 月	2005 年	≥33	314～319	15.0～20.0	15.4～16.3	≥33	314～319	0.71～1.00	0.62～0.87
		2030 年	≥33	314～319	15.0～20.0	15.9～16.7	≥33	314～328	0.81～1.00	0.82～1.0
	7～10 月	2005 年	33～34	314～320	15.0～20.0	15.4～16.0	33～34	314～320	0.70～1.00	0.61～0.85
		2030 年	33～34	314～320	15.0～20.0	15.9～16.5	33～34	314～320	0.80～1.00	0.81～0.99
河段 5：青铜峡—石嘴山	11 月～翌年 2 月	2005 年	34～36	334～354	15.4～20.0	15.0～16.0	34～59	334～587	0.64～1.00	0.83～1.00
		2030 年	34～36	334～348	15.8～20.0	15.0～15.6	34～36	334～348	0.85～1.00	0.68～0.82
	3～6 月	2005 年	35～36	334～347	15.4～20.0	15.0～15.6	≥35	334～612	0.62～1.00	0.80～1.00
		2030 年	35～35	334～340	15.9～20.0	15.0～15.3	≥35	334～340	0.82～1.00	0.64～0.80
	7～10 月	2005 年	35～37	334～351	15.4～20.0	15.0～15.2	35～44	334～493	0.61～1.00	0.77～1.00
		2030 年	35～36	334～344	15.9～20.0	15.0	35～36	334～344	0.81～1.00	0.62～0.79
河段 6：石嘴山—三盛公	11 月～翌年 2 月	2005 年	≥31	301～306	15.0～20.0	15.0～16.7	31～31	301～306	0.83～1.00	0.77～0.91
		2030 年	≥31	301～304	15.0～20.0	15.0～16.9	31～46	301～461	0.68～1.00	0.69～0.95
	3～6 月	2005 年	31～32	301～306	15.0～20.0	15.0～16.7	31～32	301～306	0.80～1.00	0.73～0.91
		2030 年	31～32	301～304	15.0～20.0	15.0～16.9	31～42	301～461	0.64～1.00	0.64～0.95
	7～10 月	2005 年	31～32	301～306	15.0～20.0	15.0～16.4	31～32	301～306	0.77～1.00	0.70～0.90
		2030 年	31～32	301～304	15.0～20.0	15.0～16.6	31～37	301～396	0.62～1.00	0.63～0.95

续表 3-20

计算河段	水期	时期	COD				氨氮			
			径流量（亿 m^3）	流量（m^3/s）	背景浓度（mg/L）	控制断面浓度（mg/L）	径流量（亿 m^3）	流量（m^3/s）	背景浓度（mg/L）	控制断面浓度（mg/L）
河段 7：三盛公—三湖河口	11 月～翌年 2 月	2005 年	≥8	≥86	15.0～20.0	15.0	≥8	≥86	0.77～1.00	0.52～0.52
		2030 年	≥8	≥86	15.0～20.0	15.0	≥8	≥86	0.69～1.00	0.60
	3～6 月	2005 年	≥9	≥86	15.0～20.0	15.0	≥9	≥86	0.73～1.00	0.52
		2030 年	≥9	≥86	15.0～20.0	15.0	≥9	≥86	0.64～1.00	0.59～0.60
	7～10 月	2005 年	≥9	≥86	15.0～20.0	15.0	≥9	≥86	0.70～1.00	0.51
		2030 年	≥9	≥86	15.0～20.0	15.0	≥9	≥86	0.63～1.00	0.59～0.60
河段 8：三湖河口—昭君坟	11 月～翌年 2 月	2005 年	≥9	≥96	15.0～20.0	15.0	≥9	≥96	0.52～1.00	0.50～0.68
		2030 年	≥9	≥96	15.0～20.0	15.0	≥9	≥96	0.60～1.00	0.5～0.68
	3～6 月	2005 年	≥10	≥96	15.0～20.0	15.0	≥10	≥96	0.51～1.00	0.50～0.68
		2030 年	≥10	≥96	15.0～20.0	15.0	≥10	≥96	0.59～1.00	0.5～0.68
	7～10 月	2005 年	≥10	≥96	15.0～20.0	15.0	≥10	≥96	0.51～1.00	0.50～0.68
		2030 年	≥10	≥96	15.0～20.0	15.0	≥10	≥96	0.59～1.00	0.5～0.66
河段 9：昭君坟—头道拐	11 月～翌年 2 月	2005 年	8～9	83～87	15.0～20.0	15.0	8～9	83～87	0.50～1.00	0.50～0.70
		2030 年	13～30	132～295	15.0～19.0	15.0～17.0	9～95	92～923	0.50～1.00	0.73～0.90
	3～6 月	2005 年	8～9	83～88	15.0～20.0	15.0	8～9	83～88	0.50～1.00	0.50～0.71
		2030 年	13～29	122～306	15.0～19.0	15.0～17.0	9～86	88～961	0.50～1.00	0.68～0.90
	7～10 月	2005 年	8～9	83～88	15.0～20.0	15.0	8～9	83～88	0.50～1.00	0.50～0.66
		2030 年	13～27	122～276	15.0～19.0	15.0～16.6	9～76	87～799	0.50～1.00	0.68～0.88

续表 3-20

计算河段	水期	时期	COD				氨氮			
			径流量（亿 m^3）	流量（m^3/s）	背景浓度（mg/L）	控制断面浓度（mg/L）	径流量（亿 m^3）	流量（m^3/s）	背景浓度（mg/L）	控制断面浓度（mg/L）
河段 10:头道拐—万家寨大坝	11 月～翌年 2 月	2005 年	≥7	≥69	15.0～20.0	15.0	≥7	≥69	0.50～1.00	0.50～0.71
		2030 年	≥7	≥69	15.0～20.0	15.0	≥7	≥69	0.73～1.00	0.54～0.72
	3～6 月	2005 年	≥7	≥69	15.0～20.0	15.0	≥7	≥69	0.50～1.00	0.50～0.71
		2030 年	≥7	≥69	15.0～20.0	15.0	≥7	≥69	0.68～1.00	0.50～0.72
	7～10 月	2005 年	7～8	69～76	15.0～20.0	15.0	7～8	69～76	0.50～1.00	0.57～0.75
		2030 年	7～8	69～76	15.0～20.0	15.0～16.1	7～8	69～76	0.68～1.00	0.57～0.76
河段 11:万家寨大坝—府谷	11 月～翌年 2 月	2005 年	≥7	69～70	15.0～20.0	15.0～15.7	≥7	69～70	0.50～1.00	0.50～0.79
		2030 年	≥7	69～70	15.0～20.0	15.0～15.8	≥7	69～70	0.54～1.00	0.50～0.81
	3～6 月	2005 年	≥7	≥69	15.0～20.0	15.0～15.4	≥7	≥69	0.50～1.00	0.50～0.79
		2030 年	≥7	≥69	15.0～20.0	15.0～15.5	≥7	≥69	0.50～1.00	0.50～0.79
	7～10 月	2005 年	≥7	69～76	15.0～20.0	15.0～16.1	≥7	69～76	0.57～1.00	0.50～0.77
		2030 年	≥7	69～76	15.0～20.0	15.0～16.1	≥7	69～76	0.57～1.00	0.50～0.82
河段 12:府谷—吴堡	11 月～翌年 2 月	2005 年	9～10	87～106	15.0～20.0	15.0	9～10	87～106	0.50～1.00	0.50～0.61
		2030 年	9～10	87～106	15.0～20.0	15.0	9～10	87～106	0.50～1.00	0.50～0.67
	3～6 月	2005 年	9～10	87～107	15.0～20.0	15.0	9～10	87～107	0.50～1.00	0.50～0.56
		2030 年	9～10	87～107	15.0～20.0	15.0	9～10	87～107	0.50～1.00	0.50～0.66
	7～10 月	2005 年	9～11	87～119	15.0～20.0	15.0	9～11	87～119	0.50～1.00	0.50～0.56
		2030 年	9～11	87～120	15.0～20.0	15.0	9～11	87～120	0.50～1.00	0.50～0.64

续表 3-20

计算河段	水期	时期	COD				氨氮			
			径流量（亿 m^3）	流量（m^3/s）	背景浓度（mg/L）	控制断面浓度（mg/L）	径流量（亿 m^3）	流量（m^3/s）	背景浓度（mg/L）	控制断面浓度（mg/L）
河段 13：吴堡—龙门	11 月～翌年 2 月	2005 年	10～13	100～148	15.0～20.0	15.0	10～13	100～148	0.50～1.00	0.50～0.72
		2030 年	10～13	100～148	15.0～20.0	15.0	10～13	100～148	0.50～1.00	0.50～0.73
	3～6 月	2005 年	10～13	100～137	15.0～20.0	15.0	10～13	100～137	0.50～1.00	0.50～0.63
		2030 年	10～13	100～137	15.0～20.0	15.0	10～13	100～137	0.50～1.00	0.50～0.65
	7～10 月	2005 年	10～20	100～305	15.0～20.0	15.0～17.6	10～20	100～305	0.50～1.00	0.50～0.92
		2030 年	10～20	100～305	15.0～20.0	15.0～17.6	10～20	100～305	0.50～1.00	0.50～0.95
河段 14：龙门—潼关	11 月～翌年 2 月	2005 年	14～52	137～490	15.0～17.5	18.3～20.0	14～41	137～790	0.50～0.75	0.72～1.00
		2030 年	14～52	137～490	15.0～17.5	18.3～20.0	14～42	137～807	0.50～0.75	0.72～1.00
	3～6 月	2005 年	14～27	137～257	15.0～17.5	17.0～20.0	14～21	137～228	0.50～0.75	0.63～0.93
		2030 年	14～27	137～257	15.0～17.5	17.0～20.0	14～21	137～228	0.50～0.75	0.63～0.95
	7～10 月	2005 年	14～55	137～520	15.0～17.5	15.0～20.0	18～140	137～1 324	0.50～0.75	0.99～1.00
		2030 年	14～55	137～520	15.0～17.5	15.0～20.0	18～138	137～1 306	0.50～0.75	0.99～1.00
河段 15：潼关—三门峡	11 月～翌年 2 月	2005 年	15～16	148～158	18.3～20.0	16.2～17.5	15～21	148～221	0.72～1.00	0.81～1.00
		2030 年	15～16	148～161	18.3～20.0	17.9～19.6	37～68	175～681	0.72～1.00	1.00
	3～6 月	2005 年	15～16	148～156	17.0～20.0	15.0～17.3	15～18	148～187	0.63～1.00	0.71～1.00
		2030 年	15～16	148～159	17.0～20.0	16.2～19.2	22～60	148～632	0.63～1.00	0.96～1.0
	7～10 月	2005 年	15～17	148～166	15.0～20.0	15.0～16.5	17～20	148～224	0.99～1.00	1.00～1.00
		2030 年	15～17	148～174	15.0～20.0	15.5～20.0	55～63	457～700	0.99～1.00	1.00

续表 3-20

计算河段	水期	时期	COD				氨氮			
			径流量（亿 m^3）	流量（m^3/s）	背景浓度（mg/L）	控制断面浓度（mg/L）	径流量（亿 m^3）	流量（m^3/s）	背景浓度（mg/L）	控制断面浓度（mg/L）
河段 16：三门峡—小浪底	11 月～翌年 2 月	2005 年	17～18	165～174	16.2～20.0	15.0～17.5	17～18	165～174	0.81～1.00	0.71～0.88
		2030 年	17～18	165～174	17.9～20.0	15.7～17.9	17～18	165～174	1.00～1.00	0.87～0.90
	3～6 月	2005 年	17～18	165～172	15.0～20.0	15.0～17.4	17～18	165～172	0.71～1.00	0.60～0.87
		2030 年	17～18	165～172	16.2～20.0	15.0～17.9	17～18	165～172	0.96～1.00	0.81～0.90
	7～10 月	2005 年	17～18	165～175	15.0～20.0	15.0～17.3	17～18	165～175	1.00～1.00	0.84～0.85
		2030 年	17～18	165～175	15.0～20.0	15.0～17.8	17～18	165～175	1.00～1.00	0.84～0.89
河段 17：小浪底—花园口	11 月～翌年 2 月	2005 年	15～22	150～245	15.0～20.0	15.0～15.7	15～33	150～470	0.71～1.00	0.72～0.93
		2030 年	15～21	150～244	15.7～20.0	15.0～17.7	15～24	150～324	0.87～1.00	0.77～0.93
	3～6 月	2005 年	15～19	150～186	15.0～20.0	15.0	15～19	150～186	0.60～1.00	0.50～0.73
		2030 年	15～19	150～185	15.0～20.0	15.0	15～19	150～185	0.81～1.00	0.53～0.81
	7～10 月	2005 年	15～23	150～261	15.0～20.0	15.0～18.2	15～23	150～261	0.84～1.00	0.77～1.00
		2030 年	15～23	150～260	15.0～20.0	15.0～18.3	15～23	150～260	0.84～1.00	0.72～0.97

325 m^3/s,控制断面浓度范围为15.0~17.0 mg/L。因此,$P=90\%$保证率的最枯月平均流量基本满足各月自净需水要求。

氨氮:首断面逐月氨氮浓度为0.81~1.0 mg/L时,满足自净需水要求的流量范围为308~903 m^3/s,控制断面氨氮浓度为0.79~0.93 mg/L。因此,$P=90\%$保证率最枯月平均流量基本满足各月自净需水要求。

河段3:五佛寺—下河沿

COD:首断面浓度范围为15.0~20.0 mg/L时,满足自净需水要求的流量不低于308 m^3/s,控制断面浓度范围为15.0~18.3 mg/L。因此,$P=90\%$保证率的最枯月平均流量基本满足各月自净需水要求。

氨氮:首断面浓度范围为0.79~1.0 mg/L时,满足自净需水要求的流量不低于308 m^3/s,控制断面浓度范围为0.7~0.91 mg/L。因此,$P=90\%$保证率的最枯月平均流量基本满足各月自净需水要求。

河段4:下河沿—青铜峡

COD:首断面浓度范围为15.0~20.0 mg/L时,满足自净需水要求的流量范围为314~321 m^3/s,控制断面浓度范围为15.4~16.4 mg/L。因此,$P=90\%$保证率的最枯月平均流量基本满足各月自净需水要求。

氨氮:首断面氨氮浓度为0.70~1.0 mg/L时,满足自净需水要求的流量范围为314~321 m^3/s,控制断面浓度范围为0.61~0.87 mg/L。因此,$P=90\%$保证率的最枯月平均流量基本满足各月自净需水要求。

河段5:青铜峡—石嘴山

COD:首断面浓度范围为15.4~20.0 mg/L时,满足自净需水要求的流量范围为334~354 m^3/s,控制断面浓度范围为15.0~16.0 mg/L。因此,$P=90\%$保证率的最枯月平均流量基本满足各月自净需水要求。

氨氮:首断面浓度范围为0.61~1.0 mg/L时,满足自净需水要求的流量范围为334~612 m^3/s,控制断面浓度范围为0.77~1.0 mg/L。因此,$P=90\%$保证率的最枯月平均流量基本满足各月自净需水要求。

河段6:石嘴山—三盛公

COD:首断面浓度范围为15.0~20.0 mg/L时,满足自净需水要求的流量范围为301~306 m^3/s,控制断面浓度范围为15.0~16.7 mg/L。因此,$P=90\%$保证率的最枯月平均流量基本满足各月自净需水要求。

氨氮:首断面氨氮浓度为0.77~1.0 mg/L时,满足自净需水要求的流量范围为301~306 m^3/s,控制断面浓度范围为0.70~0.91 mg/L。因此,$P=90\%$保证率的最枯月平均流量基本满足各月自净需水要求。

河段7:三盛公—三湖河口

COD:首断面浓度范围为15.0~20.0 mg/L时,满足自净需水要求的流量不低于86 m^3/s,控制断面浓度为15.0 mg/L。因此,$P=90\%$保证率的最枯月平均流量基本满足各月自净需水要求。

氨氮:首断面浓度范围为0.70~1.00 mg/L时,满足自净需水要求的流量不低于86

m^3/s,控制断面浓度范围为0.51～0.52 mg/L。因此,$P=90\%$保证率的最枯月平均流量基本满足各月自净需水要求。

河段8:三湖河口—昭君坟

COD:首断面浓度范围为15.0～20.0 mg/L时,满足自净需水要求的流量不低于96 m^3/s,控制断面浓度为15.0 mg/L。因此,$P=90\%$保证率的最枯月平均流量基本满足各月自净需水要求。

氨氮:首断面浓度范围为0.51～1.0 mg/L时,满足自净需水要求的流量不低于96 m^3/s,控制断面浓度范围为0.5～0.68 mg/L。因此,$P=90\%$保证率的最枯月平均流量基本满足各月自净需水要求。

河段9:昭君坟—头道拐

COD:首断面浓度范围为15.0～20.0 mg/L时,满足自净需水要求的流量范围为83～88 m^3/s,控制断面浓度为15.0 mg/L。因此,$P=90\%$保证率的最枯月平均流量基本满足各月自净需水要求。

氨氮:首断面浓度范围为0.5～1.0 mg/L时,满足自净需水要求的流量范围为83～88 m^3/s,控制断面浓度范围为0.5～0.71 mg/L。因此,$P=90\%$保证率的最枯月平均流量基本满足各月自净需水要求。

河段10:头道拐—万家寨大坝

COD:首断面浓度范围为15.0～20.0 mg/L时,满足自净需水要求的流量范围为69～76 m^3/s,控制断面浓度为15.0～20.0 mg/L。因此,$P=90\%$保证率的最枯月平均流量基本满足各月自净需水要求。

氨氮:首断面浓度范围为0.5～1.0 mg/L时,满足自净需水要求的流量范围为69～76 m^3/s,控制断面浓度范围为0.5～0.75 mg/L。因此,$P=90\%$保证率的最枯月平均流量基本满足各月自净需水要求。

河段11:万家寨大坝—府谷

COD:首断面浓度范围为15.0～20.0 mg/L时,满足自净需水要求的流量范围为69～76 m^3/s,控制断面浓度范围为15.0～16.1 mg/L。因此,$P=90\%$保证率的最枯月平均流量基本满足各月自净需水要求。

氨氮:首断面浓度范围在0.50～1.0 mg/L之间,满足自净需水要求的流量范围为69～76 m^3/s,控制断面浓度范围为0.5～0.79 mg/L。因此,$P=90\%$保证率的最枯月平均流量基本满足各月自净需水要求。

河段12:府谷—吴堡

COD:首断面浓度范围为15.0～20.0 mg/L时,满足自净需水要求的流量范围为87～119 m^3/s,控制断面浓度为15.0 mg/L。因此,$P=90\%$保证率的最枯月平均流量基本满足各月自净需水要求。

氨氮:首断面浓度范围为0.5～1.0 mg/L时,满足自净需水要求的流量范围为87～119 m^3/s,控制断面浓度范围为0.5～0.61 mg/L。因此,$P=90\%$保证率的最枯月平均流量基本满足各月自净需水要求。

河段13:吴堡—龙门

COD:首断面浓度范围为 15.0 ~ 20.0 mg/L 时,满足自净需水要求的流量范围为 100 ~ 305 m^3/s,控制断面浓度范围为 15.0 ~ 17.6 mg/L。因此,P = 90% 保证率的最枯月平均流量基本满足各月自净需水要求。

氨氮:首断面浓度范围为 0.5 ~ 1.0 mg/L 时,满足自净需水要求的流量范围为 100 ~ 305 m^3/s,控制断面浓度范围为 0.5 ~ 0.92 mg/L。因此,P = 90% 保证率的最枯月平均流量基本满足各月自净需水要求。

河段 14:龙门—潼关

COD:首断面浓度范围为 15.0 ~ 17.5 mg/L 时,满足自净需水要求的流量范围为 137 ~ 520 m^3/s,控制断面浓度范围为 15.0 ~ 20.0 mg/L。因此,P = 90% 保证率的最枯月平均流量可以满足大部分月份自净需水要求。

氨氮:首断面浓度范围为 0.50 ~ 0.75 mg/L 时,满足自净需水要求的流量范围为 137 ~ 1 324 m^3/s,控制断面浓度范围为 0.63 ~ 1.0 mg/L。因此,P = 90% 保证率的最枯月平均流量不能满足全年自净需水要求。

河段 15:潼关—三门峡

COD:首断面浓度范围为 15.0 ~ 20.0 mg/L 时,满足自净需水要求的流量范围为 148 ~ 166 m^3/s,控制断面浓度范围为 15.0 ~ 17.5 mg/L。因此,P = 90% 保证率的最枯月平均流量基本满足全年自净需水要求。

氨氮:首断面浓度范围为 0.63 ~ 1.0 mg/L 时,满足自净需水要求的流量范围为 148 ~ 224 m^3/s,控制断面浓度范围为 0.71 ~ 1.0 mg/L。因此,P = 90% 保证率的最枯月平均流量不能满足全年自净需水要求。

河段 16:三门峡—小浪底

COD:首断面浓度范围为 15.0 ~ 20.0 mg/L 时,满足自净需水要求的流量范围为 165 ~ 175 m^3/s,控制断面浓度范围为 15.0 ~ 17.5 mg/L。因此,P = 90% 保证率的最枯月平均流量基本满足各月自净需水要求。

氨氮:首断面浓度范围为 0.71 ~ 1.0 mg/L 时,满足自净需水要求的流量范围为 165 ~ 175 m^3/s,控制断面浓度范围为 0.60 ~ 0.88 mg/L。因此,P = 90% 保证率的最枯月平均流量基本满足各月自净需水要求。

河段 17:小浪底—花园口

COD:首断面浓度范围为 15.0 ~ 20.0 mg/L 时,满足自净需水要求的流量范围为 150 ~ 261 m^3/s,控制断面浓度范围为 15.0 ~ 18.2 mg/L。因此,P = 90% 保证率的最枯月平均流量基本满足各月自净需水要求。

氨氮:首断面浓度范围在 0.60 ~ 1.0 mg/L 时,满足自净需水要求的流量范围为 150 ~ 470 m^3/s,控制断面浓度范围为 0.50 ~ 1.0 mg/L。因此,P = 90% 保证率的最枯月平均流量满足绝大部分月份的自净需水要求。

2)重要支流优化控制浓度

黄河重要支流现状年入黄水质控制浓度见表 3-21。

表 3-21　黄河重要支流入黄水质控制浓度

河段名称	支流名称	水质目标	时期	COD			氨氮		
				枯水低温期	枯水农灌期	丰水高温期	枯水低温期	枯水农灌期	丰水高温期
八盘峡大坝—大峡大坝	庄浪河	Ⅲ类	2005 年	≤8.7	≤10.8	≤20.0	≤0.64	≤0.72	≤1.0
			2030 年	≤8.7~20.0	10.8~20.0	≤20.0	0.64~1.0	0.72~1.0	≤1.0
大峡大坝—五佛寺	祖厉河	Ⅴ类	2005 年	≤40	≤40	≤40	≤2.0	≤0.7	≤0.65
			2030 年	≤40	≤40	≤40	1.6~5.1	≤0.70	≤0.65
下河沿—青铜峡	清水河	Ⅳ类	2005 年	≤30	≤30	≤30	≤0.27	≤0.27	≤0.33
			2030 年	≤30	≤30	≤30	0.27~1.50	0.27~1.50	0.33~1.50
昭君坟—头道拐	昆都仑河	Ⅴ类	2005 年	≤40	≤40	≤40	≤2.0	≤2.0	≤2.0
			2030 年	≤40	≤40	≤40	1.65~2.0	1.54~2.0	1.62~2.0
	四道沙河	Ⅴ类	2005 年	≤40	≤40	≤40	≤2.0	≤2.0	≤2.0
			2030 年	≤40	≤40	≤40	≤2.0	≤2.0	≤2.0
头道拐—万家寨大坝	大黑河	Ⅳ类	2005 年	≤30	≤30	≤30	≤1.5	≤1.5	≤1.5
			2030 年	≤30	≤30	≤30	≤1.5	≤1.5	≤1.5

续表 3-21

河段名称	支流名称	水质目标	时期	COD			氨氮		
				枯水低温期	枯水农灌期	丰水高温期	枯水低温期	枯水农灌期	丰水高温期
万家寨大坝—府谷	偏关河	Ⅴ类	2005 年	≤40	≤40	≤40	≤2.0	≤2.0	≤2.0
			2030 年	≤40	≤40	≤40	≤2.0	≤2.0	≤2.0
	皇甫川	Ⅳ类	2005 年	≤30	≤30	≤30	≤0.50	≤1.03	≤0.26
			2030 年	≤30	≤30	≤30	≤1.50	1.03~1.50	0.26~1.50
府谷—吴堡	窟野河	Ⅲ类	2005 年	16.6~20.0	5.3~17.3	7.1~11.9	≤1.0	0.57~1.0	0.69~1.0
			2030 年	16.6~20.0	5.3~20.0	7.1~20.0	≤1.0	0.57~1.0	0.69~1.0
	秃尾河	Ⅲ类	2005 年	≤17.5	≤7.1	≤15.5	≤0.40	≤0.26	≤0.07
			2030 年	17.5~20.0	7.1~20.0	15.5~20.0	0.40~1.0	0.26~1.0	0.07~1.0
吴堡—龙门	无定河	Ⅲ类	2005 年	6.2~20.0	5.0~9.9	7.9~15.6	0.59~1.0	≤1.0	0.42~0.86
			2030 年	6.2~20.0	5.0~20.0	7.9~20.0	0.59~1.0	≤1.0	0.42~1.0
	延水	Ⅳ类	2005 年	16.1~30.0	16.5~21.4	11.1~16.0	1.07~1.50	≤1.50	1.17~1.50
			2030 年	16.1~30.0	16.5~30.3	11.1~30.0	1.07~1.50	≤1.50	1.17~1.50

续表 3-21

河段名称	支流名称	水质目标	时期	COD			氨氮		
				枯水低温期	枯水农灌期	丰水高温期	枯水低温期	枯水农灌期	丰水高温期
龙门—潼关	汾河	Ⅳ类	2005 年	≤30	≤30	29. 9 ~ 30. 0	≤1. 5	≤1. 5	1. 10 ~ 1. 50
			2030 年	≤30	≤30	≤30	≤1. 5	≤1. 5	≤1. 5
	涑水河	Ⅴ类	2005 年	≤40	≤40	≤40	≤2. 0	≤2. 0	1. 6 ~ 2. 0
			2030 年	≤40	≤40	≤40	≤2. 0	≤2. 0	1. 6 ~ 2. 0
	渭河	Ⅳ类	2005 年	22. 0 ~ 30. 0	25. 8 ~ 30. 0	14. 5 ~ 30. 0	1. 2 ~ 1. 5	≤1. 5	1. 1 ~ 1. 5
			2030 年	22. 0 ~ 30. 0	25. 8 ~ 30. 0	14. 5 ~ 30. 0	1. 2 ~ 1. 5	≤1. 5	1. 1 ~ 1. 5
潼关—三门峡	宏农涧河	Ⅴ类	2005 年	16. 1 ~ 40. 0	10. 5 ~ 40. 0	8. 0 ~ 10. 8	1. 6 ~ 2. 0	≤2. 0	1. 37 ~ 2. 0
			2030 年	16. 1 ~ 40. 0	10. 5 ~ 40. 0	8. 0 ~ 40. 0	1. 6 ~ 2. 0	1. 6 ~ 2. 0	1. 37 ~ 2. 0
	苍龙涧河	Ⅴ类	2005 年	≤40. 0	≤6. 9	≤16. 7	≤2. 0	≤2. 0	≤0. 51
			2030 年	≤40. 0	6. 9 ~ 40. 0	16. 7 ~ 40. 0	≤2. 0	≤2. 0	0. 51 ~ 2. 0
小浪底—花园口	伊洛河	Ⅳ类	2005 年	≤21. 2	≤24. 9	≤22. 7	1. 4 ~ 1. 5	≤0. 35	≤1. 50
			2030 年	21. 2 ~ 30. 0	24. 9 ~ 30. 0	22. 7 ~ 30. 0	≤1. 50	0. 35 ~ 1. 5	≤1. 50
	汜水河	Ⅴ类	2005 年	≤40	≤40	≤40	≤2. 0	≤2. 0	≤2. 0
			2030 年	≤40	≤40	≤40	≤2. 0	≤2. 0	≤2. 0
	新蟒河	Ⅴ类	2005 年	≤40	≤40	≤40	≤2. 0	≤2. 0	≤2. 0
			2030 年	≤40	≤40	≤40	≤2. 0	≤2. 0	≤2. 0
	沁蟒河	Ⅳ类	2005 年	≤30	≤30	≤30	≤1. 5	≤1. 5	≤1. 5
			2030 年	≤30	≤30	≤30	≤1. 5	≤1. 5	≤1. 5

3.5.3 规划年黄河自净需水量

3.5.3.1 黄河沿岸城市废污水及污染物预测研究

收集黄河干流对应城市的城市规模、国民生产总值、工业结构和布局、主要排污企业类型，收集黄河干流主要城市的城市发展规划、国民经济发展规划、污水处理规划等，分生活、工业污染物对黄河远期2030年进行沿黄城镇输污预测。

1）生活污染源

a. 根据用水定额进行预测

$$Q_{生} = P \cdot R \cdot k$$

式中 $Q_{生}$——规划水平年城市生活污水排放量；

P——预测年城市人口；

R——预测年城市人口生活用水定额；

k——预测年生活污水排放系数。

其中，2010年生活污水排放系数建议按现状年不变，2030年生活污水排放系数原则上按现状，但是应考虑城市的用水和节水水平、城市污水管网建设等对生活污水排放系数的影响。

b. 城市生活污水中主要污染物排放量预测

选择城市下水道进入城市污水处理厂的污水月均浓度（收水污染物浓度）作为生活污水平均浓度，考虑规划水平年污水量情况，进行城市生活污染物排放量预测。

$$M = C \cdot Q_{生} \cdot (1 - \xi) + C_{达} \cdot Q_{生} \cdot \xi$$

式中 M——城市生活污染物排放量；

$Q_{生}$——规划水平年生活污水排放量；

$C_{达}$——城市污水处理厂出水排放浓度；

C——生活污水排放浓度；

ξ——城市污水处理厂收水率。

根据实测资料，一般以城市生活污水为主的城市污水处理厂，收水水质COD一般在280～450 mg/L。预测中，如果对于规划年已经考虑建设的污水处理厂，在预测时应予以考虑，并在备注中说明规划年的城市污水处理率。另外，如果规划年有中水回用数据，在预测时利用。

2）工业污染源

依据"达标排放、总量控制、清洁生产、以新带老"、"增产不增污"、"增产减污"等国家产业和环保政策，除部分地区因用水结构调整（如农业用水调整为工业用水）外，规划水平年工业污染源废污水量总体上应基本与现状年持平或略有增加。

a. 按工业产值进行废污水量预测

在预测区域相关经济发展规划资料不充分的情况下，可以工业万元产值的废污水排放量来进行工业废水的预测。这种方法对不同地区应采用不同的万元产值废水排放系数，应在调查现状万元产值废水排放系数的基础上来预测，但也要考虑到，预测年区域的工业结构、生产工艺和企业规模发生显著变化的情况，并考虑企业清洁生产水平及水重复

利用率的提高,一般讲,工业污水排放量可表达为:

$$Q_{工} = G \cdot W$$

式中 $Q_{工}$——规划水平年工业废水排放量;

G——规划水平年工业产值;

W——规划水平年工业万元产值废水排放量。

b. 工业污染物排放量预测

根据国家总量控制的思想,根据沿黄各城镇现状各行业实际工业污水排放浓度,结合预测年区域的产业结构、规模、生产工艺与清洁生产水平、水处理技术和排放标准等因素,预测规划年的工业污水排放浓度。污染物排放量的预测主要通过废水排放量与废水排放浓度的关系计算获得。黄河近远期工业污染物排放量将逐渐减少。

3)有关参数

a. 需水预测成果

《黄河流域水资源综合规划》对黄河沿岸城市工业、生活需水进行预测,预测结果[50]见表3-22。

表3-22 黄河沿岸城市需水量预测结果

城市	生活	工业	合计
兰州市	15 590	117 571	133 160
白银市	4 340	19 962	24 302
石嘴山市	2 628	13 568	16 196
吴忠市	4 888	53 968	58 856
乌海市	2 166	14 779	16 945
巴彦淖尔盟	4 457	10 225	14 682
包头市	11 118	51 208	62 326
呼和浩特市	9 970	29 952	39 922
忻州市	1 522	3 133	4 656
运城市	10 003	25 572	35 575
榆林市	7 795	49 108	56 904
渭南市	15 299	27 955	43 253
临夏州	3 550	4 048	7 598
三门峡市	7 775	25 551	33 325
焦作市	4 200	15 379	19 579
合计	105 301	461 979	567 279

b. 工业污染物排放浓度

根据国家政策,工业废水必须全部处理,达标排放,故工业废水污染物排放浓度按照达标排放进行确定。工业废水污染物达标处理排放浓度可以参照《污水综合排放标准》(GB 8978—1996),即排入水质目标要求不低于Ⅲ类的水功能区的污水,执行污水综合排放一级标准:COD100 mg/L,氨氮 15 mg/L;排入水质目标要求低于Ⅲ类的水功能区的污水,执行污水综合排放二级标准:COD150 mg/L,氨氮 25 mg/L。部分地区在综合考虑当地工业结构与布局,以及现状年工业废水排放浓度和污染治理水平的基础上可以适当进行微调。

c. 生活污染物排放浓度

生活污染物排放浓度,采用各规划水平年考虑相应的污水处理率后,所计算出的污染物平均排放浓度。其中,未经处理的生活污染物排放浓度参考现状年调查成果,一般取 COD 为 300 mg/L,氨氮为 30 mg/L。经过处理的生活污染物排放浓度参照《城镇污水处理厂污染物排放标准》(GB 18918—2002)确定,即排入水质目标为Ⅲ类的功能区水体的污水,其出水浓度执行一级 B 标准:COD 60 mg/L,氨氮 8 mg/L;排入水质目标为Ⅳ、Ⅴ类水功能区的污水,执行二级标准:COD 100 mg/L,氨氮 25 mg/L。

d. 城镇生活污水处理率

2010 水平年城镇生活污水处理率,参照国家《城市污水处理及污染防治技术政策》的有关规定,建制镇平均不低于 50%,设市城市不低于 60%,重点城市不低于 70%。有些区域参考当地的污水处理设施现状和规划建设情况,适当调整。

2020 和 2030 水平年城镇生活污水处理率,国家没有做出明确规定,考虑到目前黄河流域污染的严重程度及国家对污染的治理力度,预计 2020 水平年生活污水处理率将不低于 80%,2030 水平年将不低于 90%。

e. 污水处理再利用

根据国家有关要求,北方地区缺水城市污水处理再利用率在 2010 年要达到污水处理量的 20%[51,52]左右。考虑到黄河流域水资源短缺、供需矛盾日益尖锐,预计未来几十年,污水处理再利用率将会大幅提高,2030 年一般城市生活污水处理再利用率将达到 40%,重点城市将达到 50%。

黄河沿岸城市废污水及污染物预测结果见表 3-23。

表 3-23 黄河沿岸城市废污水及污染物预测结果

城市	废污水(万 m^3/a)			COD(t/a)			氨氮(t/a)		
	工业	生活	合计	工业	生活	合计	工业	生活	合计
兰州市	40 473	5 717	46 189	38 304	4 825	43 129	6 957	602	7 559
白银市	7 883	1 671	9 554	7 875	1 478	9 353	1 238	176	1 414
石嘴山市	4 355	607	4 961	6 218	355	6 572	418	45	464
吴忠市	16 717	1 275	17 992	32 887	799	33 686	2 965	84	3 050
乌海市	5 942	834	6 776	8 913	632	9 545	798	109	907
巴彦淖尔盟	5 626	149	5 775	21 969	125	22 095	987	13	1 000
包头市	4 783	4 130	8 914	9 464	3 469	12 933	648	359	1 007
呼和浩特市	1 871	53	1 924	1 019	44	1 064	123	5	127

续表 3-23

城市	废污水(万 m^3/a)			COD(t/a)			氨氮(t/a)		
	工业	生活	合计	工业	生活	合计	工业	生活	合计
忻州市	131	233	364	153	168	321	1	22	23
运城市	3 041	505	3 546	1 928	326	2 254	434	57	491
榆林市	807	209	1 015	327	629	956	13	47	60
渭南市	481	523	1 005	137	324	462	41	180	221
三门峡市	4 655	1 734	6 389	6 816	1 176	7 992	743	178	921
焦作市	2 127	910	3 037	1 248	288	1 535	300	25	325
合计	98 892	18 550	117 441	137 258	14 638	151 897	15 666	1 902	17 569

3.5.3.2 自净水量模型计算结果

1)黄河自净需水量结果

黄河自净需水模型计算结果见表3-20。

河段1:八盘峡大坝—大峡大坝

COD:首断面浓度范围在8.7~20.0 mg/L时,满足自净需水要求的流量范围在331~438 m^3/s之间。

氨氮:满足自净需水要求的流量范围在391~8 508 m^3/s之间,首断面氨氮浓度在0.33~1.0 mg/L之间。

河段2:大峡大坝—五佛寺

COD:$P=90\%$保证率的最枯月平均流量可以满足各月自净需水要求,其中首断面浓度范围在16.1~20 mg/L之间。

氨氮:自净需水流量在374~678 m^3/s之间取值,首断面逐月氨氮浓度均为1.0 mg/L。

河段3:五佛寺—下河沿

COD:$P=90\%$保证率的最枯月平均流量可以完全满足各月自净需水要求,其中首断面浓度范围在15.0~20.0 mg/L之间。

氨氮:$P=90\%$保证率的最枯月平均流量可以完全满足各月自净需水要求,其中首断面浓度范围在0.90~1.0 mg/L之间。

河段4:下河沿—青铜峡

COD:$P=90\%$保证率的最枯月平均流量可以完全满足各月自净需水要求,其中首断面浓度范围在15.0~20.0 mg/L之间。

氨氮:满足自净需水要求的流量范围在314~334 m^3/s之间,首断面浓度在0.80~1.0 mg/L之间。

河段5:青铜峡—石嘴山

COD:$P=90\%$保证率的最枯月平均流量可以完全满足各月自净需水要求,其中首断面浓度范围在15.8~20.0 mg/L之间。

氨氮:$P=90\%$保证率的最枯月平均流量可以完全满足各月自净需水要求,其中首断面浓度范围在0.81~1.0 mg/L之间。

河段6:石嘴山—三盛公

COD:$P=90\%$保证率的最枯月平均流量可以完全满足各月自净需水要求,其中首断面浓度范围在15.0~20.0 mg/L之间。

氨氮:满足自净需水要求的流量范围在301~458 m^3/s之间,首断面浓度在0.62~1.0 mg/L之间。

河段7:三盛公—三湖河口

COD:$P=90\%$保证率的最枯月平均流量可以完全满足各月自净需水要求,其中首断面浓度范围在15.0~20.0 mg/L之间。

氨氮:$P=90\%$保证率的最枯月平均流量可以完全满足各月自净需水要求,其中首断面浓度范围在0.63~1.00 mg/L之间。

河段8:三湖河口—昭君坟

COD:$P=90\%$保证率的最枯月平均流量可以完全满足各月自净需水要求,其中首断面浓度范围在15.0~20.0 mg/L之间。

氨氮:$P=90\%$保证率的最枯月平均流量可以完全满足各月自净需水要求,其中首断面浓度范围在0.59~1.0 mg/L之间。

河段9:昭君坟—头道拐

COD:首断面浓度范围在15.0~19.0 mg/L时,满足自净需水要求的流量范围在122~298 m^3/s之间。

氨氮:首断面浓度范围在0.5~1.0 mg/L时,满足自净需水要求的流量范围在87~953 m^3/s之间。

河段10:头道拐—万家寨大坝

COD:$P=90\%$保证率的最枯月平均流量可以完全满足各月自净需水要求,其中首断面浓度范围在15.0~20.0 mg/L之间。

氨氮:$P=90\%$保证率的最枯月平均流量可以完全满足各月自净需水要求,其中首断面浓度范围在0.68~1.0 mg/L之间。

河段11:万家寨大坝—府谷

COD:$P=90\%$保证率的最枯月平均流量可以完全满足各月自净需水要求,其中首断面浓度范围在15.0~20.0 mg/L之间。

氨氮:$P=90\%$保证率的最枯月平均流量可以完全满足各月自净需水要求,其中首断面浓度范围在0.5~1.0 mg/L之间。

河段12:府谷—吴堡

COD:$P=90\%$保证率的最枯月平均流量可以完全满足各月自净需水要求,其中首断面浓度范围在15.0~20.0 mg/L之间。

氨氮:$P=90\%$保证率的最枯月平均流量可以完全满足各月自净需水要求,其中首断面浓度范围在0.5~1.0 mg/L之间。

河段13:吴堡—龙门

COD：$P=90\%$ 保证率的最枯月平均流量可以完全满足各月自净需水要求，其中首断面浓度范围在 15.0～20.0 mg/L 之间。

氨氮：$P=90\%$ 保证率的最枯月平均流量可以完全满足各月自净需水要求，其中首断面浓度范围在 0.5～1.0 mg/L 之间。

河段 14：龙门—潼关

COD：首断面浓度范围在 15.0～17.5 mg/L 时，满足自净需水要求的流量范围在 137～520 m^3/s之间，$P=90\%$ 保证率的最枯月平均流量可以满足大部分月份自净需水要求。

氨氮：首断面浓度范围在 0.5～0.75 mg/L 时，满足自净需水要求的流量范围在 137～1 324 m^3/s 之间；其中 9、10 月份无法满足自净需水要求，临界浓度分别为 0.99 mg/L 和 0.98 mg/L 时，对应自净水量为 17 785 m^3/s 和 14 273 m^3/s。

河段 15：潼关—三门峡

COD：首断面浓度范围在 15.0～20.0 mg/L 时，满足自净需水要求的流量范围在 148～174 m^3/s 之间，$P=90\%$ 保证率的最枯月平均流量可以基本满足全年自净需水要求。

氨氮：首断面浓度范围在 0.63～1.0 mg/L 时，满足自净需水要求的流量范围在148～681 m^3/s 之间。

河段 16：三门峡—小浪底

COD：$P=90\%$ 保证率的最枯月平均流量可以完全满足各月自净需水要求，其中首断面浓度范围在 15.5～20.0 mg/L 之间。

氨氮：$P=90\%$ 保证率的最枯月平均流量可以完全满足各月自净需水要求，其中首断面浓度范围在 0.96～1.0 mg/L 之间。

河段 17：小浪底—花园口

COD：$P=90\%$ 保证率的最枯月平均流量可以完全满足各月自净需水要求，其中首断面浓度范围在 15.0～20.0 mg/L 之间。

氨氮：首断面浓度范围在 0.81～1.0 mg/L 时，满足自净需水要求的流量范围在150～230 m^3/s 之间，$P=90\%$ 保证率的最枯月平均流量可以满足绝大部分月份的自净需水要求。

研究结果表明：在入黄排污口全部实现稳定达标排放、入黄支流满足水功能区入黄水质要求的条件下，$P=90\%$ 保证率的黄河干流最枯月平均流量能够基本满足远期规划年黄河自净需水要求，主要集中在五佛寺—下河沿、青铜峡—石嘴山、三盛公—三湖河口、三湖河口—昭君坟、头道拐—万家寨大坝、万家寨大坝—府谷、府谷—吴堡、吴堡—龙门、三门峡—小浪底、小浪底—花园口等河段。另外，$P=90\%$ 保证率的黄河干流最枯月平均流量能够满足大峡大坝—五佛寺、下河沿—青铜峡、石嘴山—三盛公、龙门—潼关、潼关—三门峡等部分河段 COD 自净需水量，而氨氮自净需水量不能够得到满足。$P=90\%$ 保证率最枯月平均流量不能满足昭君坟—头道拐河段 COD、氨氮自净需水量。

2）*重要支流优化控制浓度*

黄河重要支流 2030 年入黄水质控制浓度见表 3-21。

3.5.4 结果分析

计算结果表明：

(1)从整体趋势来看，同河段规划年自净水量一般都大于2005年自净水量。这是由于规划年随着社会经济的进一步发展，入黄污染物量大幅增加所致。

(2)90%保证率对应的最枯月平均流量能够基本满足大部分河段的自净需水要求。在社会经济发展比较集中、沿黄城市排污量较大的部分河段，如八盘峡大坝—大峡大坝河段、大峡大坝—五佛寺河段、青铜峡—石嘴山河段、昭君坟—头道拐河段、龙门—潼关河段、潼关—三门峡河段以及支流排污比较严重的汾河、渭河河段，相应河段90%保证率对应的最枯月平均流量已不能完全满足各月自净水量要求。污染物较多的河段如青铜峡—石嘴山河段，因为有农灌退水渠，需要的自净水量也相应较大。

(3)同河段氨氮自净水量大于COD自净水量。尤其在八盘峡大坝—大峡大坝河段、大峡大坝—五佛寺河段、青铜峡—石嘴山河段、昭君坟—头道拐河段、龙门—潼关河段、潼关—三门峡河段，氨氮与COD自净水量大小相差较大。一方面是由于氨氮自身比较难降解、难自净，另一方面，是由于氨氮达标排放标准与地表水环境质量标准相差太大。如排入GB 3838Ⅲ类水域(划定的保护区和游泳区除外)的污水，执行污水综合排放一级标准，即氨氮以15 mg/L为上限，而在地表水环境质量标准GB 3838中Ⅲ类水对应的氨氮上限为1.0 mg/L。

(4)污染物控制浓度不能完全按照水质目标上限来控制。

①干流控制浓度。对于黄河干流而言，各河段、各水期接纳污染物的大小以及水体自净能力不同，控制断面污染物浓度和上游来水的背景浓度不能完全按照水质目标上限来控制，考虑到水流的连续性和传递性，应在优化水环境承载能力和水环境容量的基础上，对黄河干支流的污染物浓度进行优化配置，从全河角度提出相应的合理控制指标。

②支流控制浓度。考虑到支流排污的不均衡性以及不同水期水体纳污能力变化，支流控制浓度也有相应变化，不同水期的控制浓度不同，要求必须小于水质目标上限。如汾河、渭河等排污比较严重的支流，丰水高温期的支流污染物浓度要低于枯水低温期、平水农灌期的支流污染物浓度。

(5)黄河干流大部分河段都能满足自身自净水量要求。从整体计算结果来看，缺水主要集中在八盘峡大坝—大峡大坝、大峡大坝—五佛寺、青铜峡—石嘴山、昭君坟—头道拐、龙门—潼关、潼关—三门峡等河段，缺水期都相应集中在枯水低温期。其中，对于以上污染比较严重的河段，典型年水资源量对该河段自净水量要求的满足程度越低，缺水率越大。

3.5.5 黄河自净需水量推荐结果

考虑黄河上下游段面之间流量的匹配性、水流演进，以及黄河水资源可调控性等多种因素，推荐黄河2005年重要水文断面自净需水量。

黄河自净稀释需水量推荐结果见表3-24。

表 3-24　黄河自净稀释需水量推荐结果　（单位：m^3/s）

断面名称	90%保证率最枯月平均流量	时期	11月～翌年2月	3～6月	7～10月
兰州	355	2005年	350	350	350
		2030年	350	350	350
下河沿	336	2005年	340	340	340
		2030年	340	340	340
石嘴山	322	2005年	330	330	330
		2030年	330	330	330
头道拐	75	2005年	120	120	120
		2030年	240	120	240
龙门	131	2005年	300	170	340
		2030年	300	170	340
潼关	147	2005年	490	260	520
		2030年	490	260	520
小浪底	160	2005年	260	260	260
		2030年	260	260	260
花园口	171	2005年	300	300	300
		2030年	300	300	300
高村	97	2005年	280	280	280
		2030年	280	280	280
利津	0	2005年	100	100	100
		2030年	100	100	100

3.6　小结

（1）目前，黄河兰州、宁蒙、龙三和小花等重点河段污染较为严重，流域在调整工业产业结构、提倡循环经济和清洁生产，严格控制污染的同时，在黄河河道内保持有一定的自净水量，将对改善黄河水质起到重要作用。

（2）黄河自净水量是指在一定的时空范围内，为实现流域生态系统的良性维持，统筹考虑流域社会经济和环境的协调发展，河流接纳合理污染物量所对应的实现水功能水质目标的水量及水量过程。黄河自净水量具有动态性、地区性、极限性等特征，影响黄河自净水量的主要因素是计算河段污染物背景浓度、污染物降解系数，以及河段平均流速等。在计算河段断面形态相对稳定的情况下，来水背景浓度、污染物降解系数是其主要影响因素。

(3)黄河水体具有多用水功能结构、取用水与排水交叉及省(区)界水功能保证要求高等特点。综合考虑人类、社会经济发展和水生生物对河流水质的要求,黄河水体使用功能及水污染趋势和相关区域社会经济背景等多方面因素,对黄河各河段水功能和保护目标的适宜性进行了分析,认为未来水平年黄河干流水质恢复目标是适宜的,即黄河干流兰州以下水体质量总体上应该达到Ⅲ类水标准,兰州八盘峡大坝以上应维持Ⅱ类水现状。

(4)在黄河现状接纳污染物水平下,由于接纳污染物量太大,排污过分集中,水体自净能力不足,同时受河流污染传递的影响,造成黄河干流部分河段所需稀释水量较大,全河水质达标不可能得到完全保证,水质超标河段主要集中在宁蒙、龙三和小浪底至花园口河段,而兰州、晋陕峡谷和花园口以下河段水质保证程度较高。受支流输污的影响,总的来看黄河现状稀释水量呈现平水期 < 枯水期 < 丰水期的规律;对于部分上游来水污染物浓度超过一定界限的河段,无论上游来水水量大小,均无法满足该河段水质保护目标的要求。

(5)由于受黄河下游防洪大堤的约束,黄河花园口以下河段两岸基本没有排污口和支流汇入,水体水质主要取决于其上游小浪底水库下泄水量、水质及“小花”区间排污源强状况。研究以利津断面水质为代表,采用水质保证率方法,对利津断面水质保障条件进行论证。结果表明,现有排污条件下,当小浪底下泄流量达到 230 m^3/s 以上时,利津断面水质保证率为 82%,小浪底下泄水质不超过Ⅳ类水标准时,利津断面Ⅲ类水质的保证率均在 80% 以上,当利津断面水量大于或等于 88 m^3/s 时,水质保证率可达到 87% 以上。

(6)在入黄排污口全部实现稳定达标排放、入黄支流满足水功能区入黄水质要求的条件下,90% 保证率的黄河干流最枯月平均流量能够满足现状和远期大部分河段的自净需水要求,其中不能满足自净需水要求的河段主要集中在八盘峡大坝—大峡大坝河段、青铜峡—石嘴山河段、昭君坟—头道拐河段、龙门—潼关河段、潼关—三门峡河段等几个污染比较严重河段。

第4章 黄河典型河段污染物总量控制实例

4.1 研究河段概况

4.1.1 自然概况

4.1.1.1 包头河段

本次所研究的黄河内蒙古包头河段西起三湖河口(实际计算时上提至沙圪堵渡口),东至头道拐水文站,坐标为北纬40°16′~40°37′,东经108°46′~111°04′。地处黄河上游下段,北有乌拉山、大青山,是引黄灌区的天然屏障。南临库布齐沙漠。地形西南高、东北低,海拔在1 000~1 400 m。属干旱半干旱地带,大陆性季风气候非常明显,年内温差较大,最高气温40 ℃,最低气温-35 ℃。无霜期135天,多年平均蒸发量1 800~2 400 mm。多年平均日照时数3 000~3 150 h。

该地区由于黄河的冲积作用,形成了宽阔的冲积平原,即著名的"黄河河套"地区之一。此处水流缓慢,河道险工多,是宽浅弯曲的平原型河流,河段长299.7 km,集水面积19 989 km^2。河宽500~2 500 m。河道平均比降为0.13‰。多年平均降水量250~300 mm,年降水量少而且集中,年际变化大。河川年径流量一般在汛期占全年的60%~85%,洪水涨落急剧。该河段为封冻河段,每年冬季11~12月流凌封河,下一年2~3月开河,形成冰凌洪水。区域土壤分布:河北以碱化盐土和草甸盐土为主、河南以固定风沙土为主。植被多为人工造林。珍贵动物主要有岩羊、黄羊、石鸡、环颈雉、狍子等。

4.1.1.2 花园口河段

本次所研究的黄河花园口河段上自小浪底水库坝下,下至花园口水文站(实际计算时延至狼城岗),位于河南省境内,坐标为北纬34°55′~34°56′,东经112°22′~113°39′。区域内属温带半湿润大陆性季风气候,四季分明,年平均气温15 ℃左右,多年平均日照时数1 740~2 310 h,多年平均蒸发量1 000~1 200 mm,多年平均降水量58~700 mm,多集中在7~9月份,年际变化大。地形西南高、东北低,海拔在200~1 000 m。区域内土壤主要为棕壤、褐土和潮土三大类。棕壤主要分布在海拔800~1 000 m以上的中高山区,褐土主要分布在海拔200~900 m的浅山、丘陵及阶地,潮土多分布在河流下游两侧滩地和低平洼地。植被上游主要是针叶林,中下游主要是落叶阔叶林,多为人工造林。区域内森林覆盖率由西向东、由南向北呈递减趋势。珍贵动物主要有大鲵、大天鹅、石鸡、环颈雉、狍子等。

该区域地处中原腹地,是黄河由山区进入平原的过渡河段,南靠邙山,北临黄沁河冲积平原,在桃花峪附近黄河流域收口,下游形成狭长流域,河床抬高,世界著名的"地上悬河"指的就是桃花峪以下河段。该区间也是黄河流域常见的暴雨中心,暴雨强度大,汇流迅速集中，产生的洪水来势猛，洪峰高，含沙量小，预见期短，是黄河下游洪水主要来源区之一。干流河段长128.0 km，集水面积35 881 km²。河槽宽1 000 ~3 000 m。河道平均比降为0.12‰。该段河道是典型的游荡型河道，摆动频繁，幅度大，泥沙含量高，淤积严重，河道险工多，是黄河大堤不决口的重点防范河段之一。区间有支流洛河、沁河、汜水河、蟒河等汇入。

洛河发源于陕西省华山南麓蓝田县境，至河南巩义市境内黄河焦作公路桥下汇入黄河，河道长447 km，流域面积18 881 km²，入黄把口站为黑石关水文站。据黑石关水文站资料统计，多年平均径流量34.3亿m³，年输沙量0.18亿t，平均含沙量5.3 kg/m³，洛河两岸小支流众多，源短流急，最大支流为伊河，发源于秦岭东支熊耳山，河长268 km，集水面积6 029 km²。

蟒河发源于太行山支脉指住山区的山西省阳城县花野岭，流经济源市、孟州市、温县，于武陟县董宋村入黄河，全长130 km，流域面积1 328 km²，入黄把口站是赵礼庄水文站。据赵礼庄水文站多年资料统计，年平均径流量2.33亿m³，在孟州市白墙水库以下分为新蟒河、老蟒河。

沁河发源于山西省平遥县黑城村，自北向南，过沁潞高原，穿太行山，从济源五龙口进入冲积平原，于河南省武陟县南汇入黄河，全长485 km，流域面积13 532 km²，入黄把口站是小董水文站。据小董水文站多年资料统计，沁河年平均径流量17.8亿m³。其中82%的径流量来自五龙口以上，其余来自最大支流丹河。径流量的年际变化及年内分配很不均衡，7 ~10月径流量约占年径流量的60%以上。年平均输沙量为720万t，80%集中在7 ~8月。沁河是黄河下游洪水来源之一。

4.1.2 社会经济概况

4.1.2.1 包头河段

1998年，区域内人口596.49万人，耕地面积149.44万hm²，农业总产值80.98亿元，工业总产值409.09亿元，国内生产总值274.9亿元。区内有呼和浩特和包头两大城市，呼和浩特市是内蒙古自治区首府，人口205.32万人，耕地面积34.40万hm²，农业总产值21.85亿元，工业总产值183.14亿元，国内生产总值143.01亿元。包头市人口203.78万人，耕地面积31.26万hm²，农业总产值7.21亿元，工业总产值33.53亿元，国内生产总值20.51亿元。区段其他各市（县、旗）社会经济概况统计见表4-1。

包头区段工业企业众多，主要以钢铁、煤炭为主，兼有火电、食品、造纸、化工、建材、机械、印染、制药等。近20年来，该地区工农业得到迅速发展。随着工业化步伐的加快及人口增长对耕地面积增加的需求，以及林、牧、渔业的发展，对水资源量的需求逐年增加。工业化的迅速发展使得各种工业废污水也逐年增加。

黄河干流包头段流经巴彦淖尔盟的乌拉特前旗、包头市、伊克昭盟的达拉特旗、呼和浩特市的托克托县等。1998年黄河干流区段内两岸取水口70个，其中农业取水口67个，生活取水口1个，工业取水口1个，生活、工业综合取水口1个。年取水量9.7亿m³，其中年生活取水量0.422亿m³，工业取水量1.365亿m³，农业取水量7.913亿m³。较大排污口7个，其中以工业为主的混合排污口6个，以生活为主的混合排污口1个，年排污水量 5 088 万 m^3。

表 4-1 1998 年黄河包头段社会经济概况统计

行政区名称	人口（万人）	耕地面积（万 hm^2）	农业总产值（亿元）	工业总产值（亿元）	国内生产总值（亿元）
呼和浩特市	205.32	34.40	21.85	183.14	143.01
呼和浩特市郊区	30.54		7.67	50.33	21.61
土默特左旗	34.45	6.84	10.23	29.19	16.25
托克托县	18.94	4.03	6.39	14.62	10.90
武川县	17.17	8.79	4.35	5.90	5.88
包头市	203.78	31.26	7.21	33.53	20.51
包头市郊区	19.18	2.58	4.89	51.68	19.23
土默特右旗	34.58	7.85	10.28	21.94	21.16
固阳县	21.25	11.39	4.99	12.82	10.24
达尔罕茂明	11.28	76.70	3.12	5.94	6.11
合计	596.49	183.84	80.98	409.09	274.9

该区域工农业生产的发展，主要靠取用黄河水来实现，黄河干流水量及水质的好坏，是制约该地区社会经济可持续发展的重要因素。

4.1.2.2 花园口河段

黄河干流花园口河段从小浪底坝下流经洛阳、济源、焦作、郑州、新乡等地。区域内人口密度较大，1998 年约为 2 131.46 万人，耕地面积 124.42 万 hm^2，农业总产值 336.34 亿元，工业总产值 2 278.25 亿元，国内生产总值 1 537.88 亿元。区域社会经济概况统计见表 4-2。

表 4-2 1998 年黄河花园口段社会经济概况统计

城镇	人口（万人）	耕地面积（万 hm^2）	农业总产值（亿元）	工业总产值（亿元）	国内生产总值（亿元）
洛阳市	611.71	36.36	67.400	533.03	364.83
焦作市	606.02	16.91	72.437	455.20	250.05
郑州市	320.32	29.55	68.551	876.99	620.32
新乡市	529.21	37.63	114.600	327.96	256.05
济源市	64.20	3.97	13.353	85.07	46.63
合计	2 131.46	124.42	336.341	2 278.25	1 537.88

该区域是黄河流域经济发达地区，交通便利，工业基础好，工业行业种类繁多，主要有煤炭、纺织、食品、发电、冶金、建材、机械、电子、石油、化工、造纸等。

区域内矿产资源丰富，金属矿有金、银、铜、铁、锌、铝、铅、钼等，非金属矿有煤、重晶石、萤石、钾长石、灰岩石等。

沿河平原地区土壤肥力及灌溉条件较好，复种指数高，农业发展较快。1998 年郑州市农田实灌面积(旱田、稻田、菜田)16.56 万 hm^2,林、牧、渔 0.35 万 hm^2,粮食产量 177.82 万 t,农民人均年收入 2 530 元。洛阳市农田实灌面积(旱田、稻田、菜田)11.21 万 hm^2,林、牧、渔 0.663 万 hm^2,粮食产量 226.07 万 t,农民人均年收入 1 821 元。焦作市农田实灌面积(旱田、稻田、菜田)15.5 万 hm^2,林、牧、渔 0.726 万 hm^2,粮食产量 178.58 万 t,农民人均年收入 2 702 元。济源市农田实灌面积(旱田、稻田、菜田)2.16 万 hm^2,林、牧、渔 0.046 万 hm^2,粮食产量 28.14 万 t。农民人均年收入 2 221 元。新乡市农田实灌面积(旱田、稻田、菜田)31.24 万 hm^2,林、牧、渔 0.382 万 hm^2,粮食产量 302.95 万 t,农民人均年收入 2 214 元。该区段是黄河流域取用水量最大的区段之一。

1998 年黄河干流花园口区段内两岸取水口 32 个。其中生活取水口 1 个,工业取水口 1 个,农业取水口 27 个,工业、农业综合取水口 1 个,生活、农业综合取水口 2 个。年取水量 22.5 亿 m^3,其中年生活取水量 2.11 亿 m^3,工业取水量 1.13 亿 m^3,农业取水量 19.07 亿 m^3。较大排污口 8 个,年排废污水量 4 710 万 m^3。支流有洛河、沁河、汜水河、蟒河、枯水河等汇入。各支流水体均遭严重污染,水质为Ⅳ类、Ⅴ类、劣Ⅴ类。

洛阳市工农业生产及城市生活取用水来源主要是洛河水及部分地下水,废污水排入洛河,经洛河进入黄河。济源市取用水来源主要是地下水及部分蟒河水,废污水排入蟒河,经蟒河进入黄河。焦作市取用水来源主要是沁河支流丹河水及地下水,废污水排入沁河,经沁河排入黄河。郑州、新乡两市从黄河干流取水而不向黄河排污,不同的是,郑州市从黄河南岸取水,废污水排入淮河水系,新乡市通过北岸人民胜利渠从黄河取水,废污水排入海河流域的卫河。

该区域工农业生产的发展,与黄河水量及水质好坏息息相关。特别是郑州、新乡两市人民生活用水直接取自黄河干流,水质的好坏更是关系人民群众身体健康的大事。

4.2 研究河段水功能区

4.2.1 包头河段

包头河段共划分了 8 个二级功能区,其中饮用水水源区 2 个,即包头昭君坟饮用工业用水区和包头东河饮用工业用水区,河长 48.3 km,占包头河段河长的 15.0%;农业用水区 2 个,即乌拉特前旗农业用水区和土默特右旗农业用水区,河长 203.4 km,占包头河段河长的 63.0%;过渡区 2 个,即乌拉特前旗过渡区和包头昆都仑过渡区,河长 35.9 km,占包头河段河长的 11.1%;排污控制区 2 个,即乌拉特前旗排污控制区和包头昆都仑排污控制区,河长 35.3 km,占包头河段河长的 10.9%。

4.2.1.1 乌拉特前旗排污控制区

从沙圪堵渡口到三湖河口水文站,河长 23.2 km。该河段内接纳了前旗西山嘴造纸厂和乌梁素海退水,水质受到一定的影响。前旗西山嘴造纸厂废污水年入黄量 776 万 t;乌梁素海退水,主要是农田灌溉退水和沿途加入的工业废水、生活污水,年退水总量为 1.33 亿 t,其中农灌退水 1.25 亿 t,占年退水总量的 94.0%,废污水量约 835 万 t,占年退水总量的 6.0%。三湖河口断面的水质为Ⅳ类。

4.2.1.2 乌拉特前旗过渡区

从三湖河口水文站到三应河头,河长 26.7 km。该河段没有直接从黄河取水的取水口,也没有排污口直接入黄,水质受上游来水水质控制。现状水质Ⅳ类,水质目标Ⅲ类。

4.2.1.3 乌拉特前旗农业用水区

从三应河头到黑麻淖渡口,河长 90.3 km。该河段目前的水资源利用主要是农业用水,共有取水口 22 个,年取水量 1.22 亿 m^3,有效灌溉面积 1.90 万 hm^2。

该河段内没有排污口直接入黄,水质受上游来水水质控制。现状水质Ⅳ类,水质目标Ⅲ类。

4.2.1.4 包头昭君坟饮用工业用水区

从黑麻淖渡口到西流沟入口,河长 9.3 km。包头钢铁公司昭君坟水源地位于该河段,年取水量为 1.46 亿 m^3,其中生活用水量 0.272 亿 m^3,占年取水量的 18.6%,工业用水量 1.184 亿 m^3,占年取水量的 81.1%。另外,该河段还有农业取水口 2 个,年取水量 0.157 亿 m^3,有效灌溉面积 0.244 万 hm^2。

该河段内只有包钢尾矿排污口,在昭君坟上游排入黄河,废污水年入黄量为 776 万 t,对取水口的水质有一定影响。现状水质Ⅳ类,水质目标Ⅲ类。

4.2.1.5 包头昆都仑排污控制区

从西流沟入口到红旗渔场,河长 12.1 km。支流昆都仑河在该河段汇入黄河。昆都仑河实际上已成为包头市一个大的排污沟,接纳了昆都仑区的大部分生活污水和包头钢铁公司等企业的工业废水,废污水量 7 760 万 t/a,COD_{Cr} 浓度 231 mg/L,氨氮浓度 78.9 mg/L,污染较重,对黄河的水质有一定的影响,必须加以控制。

该河段现有农业取水口 5 个,年取水量 0.406 亿 m^3,有效灌溉面积 0.63 万 hm^2。现状水质Ⅴ类。

4.2.1.6 包头昆都仑过渡区

从红旗渔场到包神铁路桥,河长 9.2 km,是包头昆都仑排污控制区与包头东河饮用工业用水区之间的功能过渡区。该河段内现有 1 个排污口(四道沙河),废污水年入黄量为 636 万 t,对下游取水口的水质有一定影响。

该河段现有农业取水口 4 个,年取水量 0.569 亿 m^3,有效灌溉面积 0.88 万 hm^2。现状水质Ⅴ类,水质目标Ⅲ类。

4.2.1.7 包头东河饮用工业用水区

从包神铁路桥到东兴火车站,河长 39.0 km。包头市在该河段有用于城市生活和工业用水的取水口 2 个,一是镫口的岸边式取水泵房,年取水量为 1 500 万 m^3;另一个位于画匠营附近的包神铁路桥和公路桥之间。另外,达旗电厂的工业取水口也在包神铁路桥和公路桥之间,取水许可批准年取水量 3 400 万 m^3。该河段还有农业取水口 10 个,年取水量 3.11 亿 m^3,有效灌溉面积 5.38 万 hm^2。

该河段现有排污口 4 个,废污水年入黄量 2 900 万 t。其中,达旗电厂、西河槽、东河槽的废污水在画匠营和镫口之间排入黄河,对镫口取水口的水质有一定的影响;包头糖厂的废水在镫口取水口下面排入黄河。现状水质Ⅳ类,水质目标Ⅲ类。

4.2.1.8 土默特右旗农业用水区

从东兴火车站到头道拐水文站，河长 113.1 km。该河段水资源主要用于农业灌溉，共有农业取水口 24 个，年取水量 2.63 亿 m^3，有效灌溉面积 2.69 万 hm^2。

土默特右旗河段内没有直接入黄排污口，其水质主要受上游来水的影响。现状水质Ⅳ类，水质目标Ⅲ类。

4.2.2 花园口河段

花园口河段划分 2 个二级功能区，即焦作饮用农业用水区和郑州新乡饮用工业用水区。

4.2.2.1 焦作饮用农业用水区

从小浪底大坝到孤柏嘴，河道长 78.1 km。孟津以下是黄河由山区进入平原的过渡河段，南依邙山，北傍青风岭，部分地段修有堤防。

该河段共有取水口 11 个，年取水量 1.53 亿 m^3。其中，工业用水 0.864 亿 m^3，占年取水量的 56.5%；农业用水 0.419 亿 m^3，占年取水量的 27.4%；其他用水 0.243 亿 m^3，占年取水量的 15.9%。

为了避开取用黄河水含沙量大难于处理的问题，沿黄有关单位利用黄河滩区地下水作为生活、渔业、工业等用水，该河段滩区地下水年取水量为 6 070 万 m^3，其中黄河小浪底建设管理局 5 800 万 m^3，占年取水量的 95.6%；孟津县 81 万 m^3，占年取水量的 1.33%；吉利区 11 万 m^3，占年取水量的 0.18%；济源市 5 万 m^3，占年取水量的 0.08%；温县自来水公司 170 万 m^3，占年取水量的 2.8%。

该河段内共有 8 个入黄排污口，废污水年入黄量为 4 710 万 t。其间孟津大桥断面现状水质Ⅳ类，水质目标Ⅲ类。

4.2.2.2 郑州新乡饮用工业用水区

从孤柏嘴到中牟狼城岗，河道长 110 km。由于受当地水资源条件的限制，两岸城市及工农业对黄河水资源的依赖性较高。据调查，共有取水口 21 个，年取水量 21.0 亿 m^3，其中生活用水 2.11 亿 m^3，占年取水量的 10.0%；工业用水 0.27 亿 m^3，占年取水量的 1.29%；农业用水 18.6 亿 m^3，占年取水量的 88.6%。

城市生活用水主要是供往郑州、新乡两市。郑州市的城市用水主要通过邙山提灌站、花园口水源厂引黄闸供水。邙山提灌站位于郑州市黄河南岸邙山脚下的枣榆沟，年取水量 1.20 亿 m^3，其中城市生活用水 1.00 亿 m^3，占年取水量的 83.3%；农业用水 0.20 亿 m^3，占年取水量的 16.7%。花园口水源厂引黄闸位于郑州市花园口东大坝，年取水量 0.86 亿 m^3。为了解决黄河泥沙问题，郑州市新修建了“九五滩”地下取水工程，该工程位于京广铁路桥到花园口间黄河南岸滩地内，取水许可批准年取水量 0.36 亿 m^3。新乡市的城市供水在人民胜利渠中取水，年取水量为 0.40 亿 m^3，其中生活用水 0.25 亿 m^3，占年取水量的 62.5%；工业用水 0.15 亿 m^3，占年取水量的 37.5%。

工业用水除郑州、新乡两市市区的工矿企业用水外，还有中国长城铝业公司的取水。该公司通过孤柏嘴提灌站取水，年取水量 0.12 亿 m^3，取水口位于荥阳市王村乡司村。

该河段内农业灌溉用水量较大，年取水量占该河段取水总量的 88.7%，有效灌溉面积 20.7 万 hm^2。较大的取水口有张菜园引黄闸、共产主义闸、韩董庄引黄闸、柳园引黄闸、杨桥引黄闸、赵口引黄闸、祥符朱引黄闸等，年取水量均在 1 亿 m^3 以上。

该河段内的邙山黄河游览区、花园口风景区，吸引着大量的游客前来观光游览。该河段内没有直接入黄排污口，水质主要受老蟒河、新蟒河、沁河、洛河等支流及上游来水水质影响。花园口断面现状水质Ⅳ类，水质目标Ⅲ类。

本研究在分析黄河包头、花园口河段现阶段对水资源需求的基础上，并考虑上述河段区间今后发展的需要，将其划分成若干个不同功能需求的二级功能区，既体现了两河段黄河水体的主导功能，同时也为研究这两个河段的水体纳污能力和污染物控制界定了不同的空间，提供了依据。

4.3 研究河段纳污现状

黄河包头和花园口河段水资源开发利用程度较高，区域经济较为发达，人口相对密集，废污水排放量较大，是黄河干流污染较为严重的河段。在通常情况下，两河段纳污量主要来自两个部分，一是黄河干流入河排污口，二是入黄支流。上述河段纳污量，以 1998 年黄河流域水资源保护局的调查资料为基础进行统计分析。

4.3.1 干流入河排污口

4.3.1.1 排污口分布及排放方式

经调查，包头和花园口河段共有入河排污口 14 个，其中包头河段 6 个，花园口河段 8 个。包头河段的 6 个排污口，均为常年排污口，从排放方式看，以明渠排放的有 4 个，占该河段排污口数的 66.7%；以泵站排放的有 2 个，占 33.3%。在花园口河段的 8 个排污口中，常年排污口 6 个，占该河段的 75%；间断排污口 2 个，占 25%。从排放方式上看，以明渠排放和暗管排放的均有 4 个，各占 50%。两河段各功能区入河排污口状况见表 4-3。

表 4-3 包头和花园口河段各功能区入河排污口状况

河段名称	两河段功能区名称	排污口总数	排污类型				排放方式					
			常年		间断		暗管		明渠		泵站	
			个数	占比(%)	个数	占比(%)	个数	占比(%)	个数	占比(%)	个数	占比(%)
包头河段	乌拉特前旗过渡区	0										
	乌拉特前旗农业用水区	0										
	包头昭君坟饮用工业用水区	1	1	100					1	100		
	包头昆都仑排污控制区	0										
	包头昆都仑过渡区	2	2	100					1	50	1	50
	包头东河饮用工业用水区	3	3	100					2	66.7	1	33.3
	土默特右旗农业用水区	0										
花园口河段	焦作饮用农业用水区	8	6	75	2	25	4	50	4	50		
	郑州新乡饮用工业用水区	0										
两河段合计		14	12	85.7	2	14.3	4	28.6	8	57.1	2	14.3

4.3.1.2 排污口废污水入河量

据统计,包头和花园口河段14个排污口1998年废污水入河总量为9 020万t,其中工业废水7 230万t,占总量的80.1%,生活污水1 790万t,占19.1%。

包头河段废污水入河量为4 310万t,其中工业废水3 660万t,占该河段总量的84.9%,生活污水652万t,占15.1%。花园口河段废污水入河量为4 710万t,其中工业废水3 570万t,占该河段总量的75.8%;生活污水1 140万t,占24.2%。包头和花园口河段各功能区排污口废污水年入河量见表4-4。

表4-4 包头和花园口河段各功能区排污口废污水年入河量 (单位:万t)

河段	功能区名称	工业废水	占比(%)	生活污水	占比(%)	总计
包头河段	乌拉特前旗过渡区					0
	乌拉特前旗农业用水区					0
	包头昭君坟饮用工业用水区	776.2	100			776.2
	包头昆都仑排污控制区					0
	包头昆都仑过渡区	2 382.2	100			2 382.2
	包头东河饮用工业用水区	503.7	43.6	652.1	56.4	1 155.8
	土默特右旗农业用水区					0
	包头河段合计	3 662.1	84.9	652.1	15.1	4 314.2
花园口河段	焦作饮用农业用水区	3 564.8	75.8	1 141.2	24.2	4 706
	郑州新乡饮用工业用水区					0
	花园口河段合计	3 564.8	75.8	1 141.2	24.2	4 706
两河段合计		7 226.9	80.1	1 793.3	19.1	9 020.2

4.3.1.3 排污口污染物浓度评价

评价采用《污水综合排放标准》(GB 8978—1996)中的一级标准,其标准值见表4-5。

表4-5 入河排污口评价标准 (单位:mg/L)

评价因子	COD	BOD_5	氨氮	挥发酚	总氰化物	石油类	总砷	总汞	六价铬	总铜	总铅	总镉
标准值	100	30	15	0.5	0.5	10	0.5	0.05	0.5	0.5	1.0	0.1

评价选取COD、BOD_5、氨氮、挥发酚、总氰化物、石油类、总砷、总汞、六价铬、总铜、总铅、总镉等12项作为评价因子。

评价采用单因子法,即把排污口废污水中各评价因子的平均浓度,与评价标准值对照,看其是否符合评价标准,若排污口废污水有一项因子超过评价标准值,则该排污口即为超标排放。

包头和花园口河段排污口污染物浓度评价结果显示，在14个排污口中，超标排污口有9个，占总数的64.3%，其中，包头河段5个，花园口河段4个。从主要污染物的超标情况看，COD超标的排污口最多，为7个，占排污口总数的50%，其中包头河段6个排污口中有5个COD超标；其次是BOD_5和氨氮，均为6个，各占总数的42.9%；挥发酚、总砷和总铜均有1个排污口超标，各占7.14%，而其他因子没有超标。包头和花园口河段排污口排放超标情况统计见表4-6。

表4-6 包头和花园口河段排污口排放超标情况统计

评价因子	超标排污口个数	占总排污口(%)
COD	7	50.0
BOD_5	6	42.86
氨氮	6	42.86
挥发酚	1	7.14
总氰化物	0	0
石油类	0	0
总砷	1	7.14
总汞	0	0
六价铬	0	0
总铜	1	7.14
总铅	0	0
总镉	0	0

从评价结果可以看出，有不少排污口的废污水未经任何处理或有效处理，其污染物浓度值达不到国家污水综合排放一级标准的要求，超标排放的现象比较严重。若不加强对污染源的治理，两河段水污染状况将进一步加重。在所评价的各项因子中，COD、BOD_5和氨氮是超标最普遍和最严重的3个因子，半数排污口的这3项指标都超标，所以这3项污染因子的控制和治理，是整个排污口达标排放，进行总量控制的关键。

4.3.1.4 排污口污染物入河量

包头和花园口河段排污口主要污染物（指COD、BOD_5、氨氮、挥发酚、总氰化物、石油类、总砷、总汞、六价铬、总铜、总铅、总镉，下同）年入河量为4.48万t，其中COD 3.03万t、BOD_5 1.14万t、氨氮3 060 t、挥发酚25.1 t、总氰化物0.57 t、石油类52.2 t、总砷3.29 t、总汞0.046 t、六价铬1.04 t、总铜1.44 t、总铅1.27 t、总镉0.18 t。

包头河段主要污染物入河量为2.34万t，其中COD 1.66万t、BOD_5 5 644.6 t、氨氮1 111 t；花园口河段主要污染物入河量为2.14万t，其中COD 1.37万t、BOD_5 5 713.6 t、氨氮1 948.5 t。包头和花园口河段各功能区排污口污染物入河量见表4-7。

表 4-7　包头和花园口河段各功能区排污口污染物入河量

（单位：t/a）

河段名称	功能区名称	COD	BOD_5	氨氮	挥发酚	总氰化物	石油类	总砷	总汞	六价铬	总铜	总铅	总镉	合计
包头河段	乌拉特前旗过渡区	0	0	0	0	0	0	0	0	0	0	0	0	0
	乌拉特前旗农业用水区	0	0	0	0	0	0	0	0	0	0	0	0	0
	包头昭君坟饮用工业用水区	636. 3	285. 7	5. 3	0. 011	0. 049	0. 740	0. 107	0. 001 3	0. 022	0. 017	0. 100	0. 050	928
	包头昆都仑排污控制区	0	0	0	0	0	0	0	0	0	0	0	0	0
	包头昆都仑过渡区	1 599. 9	107. 7	514. 7	0. 134	0	1. 750	0. 551	0. 040 5	0. 253	0. 086	0. 558	0. 101	2 226
	包头东河饮用工业用水区	14 367. 6	5 251. 2	590. 7	0. 344	0. 013	3. 980	0. 215	0. 004 4	0. 671	0. 241	0. 535	0. 028	20 216
	土默特右旗农业用水区	0	0	0	0	0	0	0	0	0	0	0	0	0
	包头河段合计	16 603. 8	5 644. 6	1 110. 7	0. 489	0. 062	6. 47	0. 873	0. 046 2	0. 946	0. 344	1. 193	0. 179	23 370
花园口河段	焦作饮用农业用水区	13 671. 7	5 713. 6	1 948. 5	24. 583	0. 509	45. 690	2. 417	0	0. 090	1. 093	0. 081	0. 004	21 408
	郑州新乡饮用工业用水区	0	0	0	0	0	0	0	0	0	0	0	0	0
	花园口河段合计	13 671. 7	5 713. 6	1 948. 5	24. 583	0. 509	45. 690	2. 417	0	0. 090	1. 093	0. 081	0. 004	21 408
两河段合计		30 275. 5	11 358. 2	3 059. 2	25. 072	0. 571	52. 160	3. 290	0. 046 2	1. 036	1. 437	1. 274	0. 183	44 778

4.3.1.5 排污口污染负荷评价

评价标准采用《污水综合排放标准》(GB 8978—1996)中的一级标准值。

评价选取COD、BOD_5、氨氮、挥发酚、总氰化物、石油类、总砷、总汞、六价铬、总铜、总铅、总镉等12项作为排污口污染负荷评价因子。

评价方法采用等标污染负荷法,评价结果见表4-8。

表4-8 包头和花园口河段各功能区入河排污口评价结果

河段名称	功能区名称	等标污染负荷(mg/L)	污染负荷比(%)	名次
包头河段	乌拉特前旗过渡区	0		
	乌拉特前旗农业用水区	0		
	包头昭君坟饮用工业用水区	17.74	2	4
	包头昆都仑排污控制区	0	0	
	包头昆都仑过渡区	66.32	7.47	3
	包头东河饮用工业用水区	289.77	32.65	2
	土默特右旗农业用水区	0	0	
	包头河段合计	373.83	42.12	
花园口河段	焦作饮用农业用水区	513.68	57.88	1
	郑州新乡饮用工业用水区	0	0	
	花园口河段合计	513.68	57.88	
两河段合计		887.51	100	

从评价结果看,在包头和花园口河段的各功能区中,焦作饮用农业用水区等标污染负荷最大,其污染负荷比为57.88%,其次是包头东河饮用工业用水区,污染负荷比为32.65%。

在入河主要污染物中,BOD_5的等标污染负荷最大,污染负荷比为38.95%;第二是COD,污染负荷比为31.38%;第三是氨氮,污染负荷比为21.02%,上述3项污染负荷比之和达91.35%。由此可见,入河排污口的主要污染物是耗氧有机物。入河排污口主要污染物评价结果见表4-9。

4.3.2 入黄支流输污量

黄河源远流长,支流众多,1998年共调查统计了包头和花园口河段的12条一级支流,重点是流域面积较大或污染较重的支流,其中包头河段2条,花园口河段10条,入黄支流概况见表4-10。

4.3.2.1 入黄支流口水质

入黄支流口水质评价采用《地面水环境质量标准》(GB 3838—88)。各参数标准值见表4-11。

表 4-9 入河排污口主要污染物评价结果

评价因子	等标污染负荷(mg/L)	污染负荷比(%)	名次
COD	278.53	31.38	2
BOD_5	345.73	38.95	1
氨氮	186.54	21.02	3
挥发酚	50.81	5.72	4
总氰化物	1.68	0.19	10
石油类	5.32	0.60	6
总砷	6.90	0.78	5
总汞	0.62	0.07	12
六价铬	2.02	0.23	9
总铜	2.93	0.33	8
总铅	4.85	0.55	7
总镉	1.59	0.18	11
合计	887.52	100	

表 4-10 1998 年包头和花园口河段入黄支流概况

河段名称	支流名称	所处功能区名称	年入黄水量(万 m^3)	入黄口水质类别
包头河段	昆都仑河	包头昆都仑排污控制区	7 663	劣Ⅴ
	五当沟	土默特右旗农业用水区	3 137	Ⅳ
花园口河段	小清河	焦作饮用农业用水区	847	Ⅳ
	槐树庄河	焦作饮用农业用水区	226	劣Ⅴ
	大沟河	焦作饮用农业用水区	113	劣Ⅴ
	涧河	焦作饮用农业用水区	329	劣Ⅴ
	洛河	焦作饮用农业用水区	110 902	Ⅴ
	汜水河	郑州新乡饮用工业用水区	630	劣Ⅴ
	新蟒河	郑州新乡饮用工业用水区	14 717	劣Ⅴ
	老蟒河	郑州新乡饮用工业用水区	16 819	劣Ⅴ
	沁河	郑州新乡饮用工业用水区	64 082	劣Ⅴ
	枯水河	郑州新乡饮用工业用水区	535	劣Ⅴ

评价因子选取 COD、BOD_5、氨氮、挥发酚、总氰化物、石油类、总砷、总汞、六价铬、总铜、总铅、总镉等 12 项。

评价采用单因子法,即计算各污染物不同水期的平均浓度,并确定其相应水质类别,各污染物的最高水质类别即为该支流口的综合水质类别。

表 4-11　评价标准　　　　（单位：mg/L）

序号	参数		标准值				
			Ⅰ类	Ⅱ类	Ⅲ类	Ⅳ类	Ⅴ类
1	化学需氧量（COD）	≤	15 以下	15 以下	15	20	25
2	生化需氧量（BOD_5）	≤	3 以下	3	4	6	10
3	氨氮*	≤	0.5	0.5	0.5	1.0	1.5
4	总氰化物	≤	0.005	0.05	0.2	0.2	0.2
5	挥发酚	≤	0.002	0.002	0.005	0.01	0.1
6	石油类（石油醚萃取）	≤	0.05	0.05	0.05	0.5	1.0
7	总砷	≤	0.05	0.05	0.05	0.1	0.1
8	六价铬	≤	0.01	0.05	0.05	0.05	0.1
9	总汞	≤	0.000 05	0.000 05	0.000 1	0.001	0.001
10	总镉	≤	0.001	0.005	0.005	0.005	0.01
11	总铅	≤	0.01	0.05	0.05	0.05	0.1
12	总铜	≤	0.01 以下	1.0	1.0	1.0	1.0

注：氨氮采用《地表水环境质量标准》（GHZB 1—1999）标准值。

在包头和花园口河段 12 条入黄支流口中，年均综合水质类别均达不到Ⅲ类水质要求；达到Ⅳ类水 2 条，占 16.7%；Ⅴ类水 1 条，占 8.3%；劣于Ⅴ类水的支流共有 9 条，占 75%，其中 3 条支流水质竟超过污水综合排放标准，占支流总数的 25%。包头河段有 1 条支流（昆都仑河）超过污水综合排放标准；花园口河段有 8 条支流劣于Ⅴ类水，其中 2 条支流（新、老蟒河）超过污水综合排放标准。

结合黄河流域的水文气象特征和本研究课题的需要，将支流口水质年内变化分为 3 个时段：丰水高温期（7 ~ 10 月）、枯水低温期（11 月 ~ 翌年 2 月）和枯水农灌期（3 ~ 6 月），不同水期支流口水质类别见表 4-12。

表 4-12　不同水期支流口水质类别

水期	支流口数	Ⅰ、Ⅱ、Ⅲ类		Ⅳ类		Ⅴ类		劣Ⅴ类		劣于污水排放标准	
		个数	占比（%）	个数	占比（%）	个数	占比（%）	个数	占比（%）	个数	占比（%）
丰水高温期	12	1	8.3	1	8.3	1	8.3	9	75.0	3	25.0
枯水低温期	12	0	0	4	33.3	0	0	8	66.7	3	25.0
枯水农灌期	11	0	0	2	18.2	0	0	9	81.8	3	27.3
年均	12	0	0	2	16.7	1	8.3	9	75.0	3	25.0

从单项评价因子看，COD、BOD_5、氨氮、挥发酚、石油类和总铅均不同程度地超Ⅴ类水质标准。COD超标最为严重，有75%的支流口超Ⅴ类，其中有25%的支流口竟超过污水综合排放标准；氨氮超标也较严重，有50%的支流口超Ⅴ类，其中有16.7%的支流口超过污水综合排放标准。支流口各污染物水质类别见表4-13。

表4-13　支流口各污染物水质类别

评价因子	支流口各污染物水质类别所占比例(%)					超污水排放标准(%)
	Ⅰ、Ⅱ类	Ⅲ类	Ⅳ类	Ⅴ类	超Ⅴ类	
COD	8.3	0	8.3	8.3	75.0	25.0
BOD_5	33.3	16.7	0	8.3	41.7	25.0
氨氮	41.7	0	8.3	0.0	50.0	16.7
挥发酚	41.7	8.3	8.3	33.3	8.3	0
总氰化物	100	0	0	0	0	0
石油类	16.7	0	41.7	8.3	33.3	0
总砷	100	0	0	0	0	0
总汞	100	0	0	0	0	0
六价铬	100	0	0	0	0	0
总铜	100	0	0	0	0	0
总铅	91.7	0	0	0	8.3	0
总镉	100	0	0	0	0	0

从以上支流口水质评价结果可看出，2/3以上入黄支流口水质劣于Ⅴ类水，其中有25%以上的支流口水质超污水综合排放标准。从各项评价因子来说，COD、BOD_5和氨氮超标最为严重，尤其是COD近2/3的支流入黄口劣于Ⅴ类水标准。

4.3.2.2　支流输污量

据统计，1998年两河段12条入黄支流的输污量为23.3万t。其中COD 17.5万t，BOD_5 4.72万t，氨氮8 540 t，挥发酚58.9 t，总氰化物1.53 t，石油类2 000 t，总砷9.4 t，总汞0.008 1 t，六价铬1.8 t，总铜34.9 t，总铅13.0 t，总镉0.15 t。COD_{Cr}、BOD_5和氨氮3项污染物共23.1万t，占入黄总量的99.1%，是最主要的污染物。

两河段中，包头河段支流输污量为2.63万t，其中COD 1.83万t，BOD_5 6 430 t，氨氮1 410 t，这三种污染物共2.62万t，占该河段输污量的99.3%；花园口河段支流输污量为20.6万t，其中COD_{Cr} 15.6万t，BOD_5 4.08万t，氨氮7 130 t，这三种污染物共20.4万t，占该河段输污量的99.1%。不同水期支流主要污染物输污量见表4-14。

从两河段支流丰、枯水期污染物输入量看，丰水高温期最大，为92.4万kg/d，枯水低温期最小，为48.4万kg/d；其中包头河段丰水高温期为6.60万kg/d，枯水低温期8.91万kg/d，枯水农灌期5.43万kg/d；花园口河段丰水高温期为85.8万kg/d，枯水低温期

39.5 万 kg/d，枯水农灌期 44.7 万 kg/d。

支流水质污染严重，入黄水量又较大，进入河段的污染物量远比排污口大，因此支流输污量对两河段水质影响最为严重。如何控制入黄支流水质，尤其是那些对黄河影响严重支流如昆都仑河、新老蟒河、洛河，是两河段水环境根本好转的关键。

表 4-14 不同水期支流主要污染物输入量 （单位：kg/d）

污染物	枯水农灌期		枯水低温期		丰水高温期	
	包头河段	花园口河段	包头河段	花园口河段	包头河段	花园口河段
COD	37 190	294 783	61 927	280 280	47 191	713 395
BOD_5	13 855	127 982	20 976	94 120	14 921	115 408
氨氮	3 045	19 430	5 824	17 785	2 975	21 428
挥发酚	7.47	117.84	23.98	103.35	2.21	232.62
总氰化物	10.94	0	0	0	0	0
石油类	94.80	4 846.90	295.10	3 008.40	820.80	7 284.60
总砷	8.93	24.01	5.53	17.56	2.21	18.45
总汞	0	0	0.011 0	0.004 0	0.044 0	0
六价铬	6.20	0	2.90	0.49	4.05	0
总铜	0	124.79	5.27	33.96	12.70	108.77
总铅	48.13	0	20.55	0	30.73	0
总镉	0	0	0	0	1.10	0
合计	54 266	447 308	89 081	395 348	65 961	857 875

4.3.3 研究河段纳污量

包头和花园口河段接纳的污染物主要来自入黄排污口和入黄支流。1998 年两河段主要污染物接纳量为 27.7 万 t，其中排污口 4.48 万 t，占总量的 16.1%；支流输入 23.3 万 t，占总量的 83.9%，见表 4-15。

两河段接纳的主要污染物中，COD 年接纳量为 20.5 万 t，BOD_5 5.86 万 t，氨氮 1.16 万 t，挥发酚 84.0 t，总氰化物 2.10 t，石油类 2 050 t，总砷 12.7 t，总汞 0.054 t，六价铬 2.83 t，总铜 36.4 t，总铅 14.3 t，总镉 0.33 t。其中 COD_{Cr}、BOD_5 和氨氮占污染物总量的 99.2%，主要污染物接纳量见表 4-16。

表 4-15　两河段各功能区支流污染物入黄量统计

（单位：t/a）

河段	功能区名称	水量	COD	BOD_5	氨氮	挥发酚	总氰化物	石油类	总砷	总汞	六价铬	总铜	总铅	总镉	合计
包头河段	乌拉特前旗过渡区	0	0	0	0	0	0	0	0	0	0	0	0	0	0
	乌拉特前旗农业用水区	0	0	0	0	0	0	0	0	0	0	0	0	0	0
	包头昭君坟饮用工业用水区	0	0	0	0	0	0	0	0	0	0	0	0	0	0
	包头昆都仑排污控制区	7 663	17 677	6 043. 7	1 402. 4	3. 68	1. 53	155. 82	2. 09	0. 006 1	1. 71	2. 27	13. 00	0. 15	25 303
	包头昆都仑过渡区	0	0	0	0	0	0	0	0	0	0	0	0	0	0
	包头东河饮用工业用水区	0	0	0	0	0	0	0	0	0	0	0	0	0	0
	土默特右旗农业用水区	3 137	639	385. 6	3. 8	0. 05	0	1. 35	0	0. 002 0	0. 09	0. 31	0	0	1 030
	包头段合计	10 800	18 316	6 429. 3	1 406. 2	3. 73	1. 53	157. 17	2. 09	0. 008 1	1. 80	2. 58	13. 00	0. 15	26 333
花园口河段	焦作饮用农业用水区	112 417	27 358	4 784. 2	1 354. 2	3. 80	0	770. 95	0. 06	0	0	27. 42	0	0	34 299
	郑州新乡饮用工业用水区	96 783	129 055	36 024. 2	5 779. 7	51. 38	0	1 070. 16	7. 24	0	0	4. 92	0	0	171 992
	花园口段合计	209 200	156 413	40 808. 4	7 133. 9	55. 18	0	1 841. 11	7. 30	0	0	32. 34	0	0	206 291
两河段合计		220 000	174 729	47 237. 7	8 540. 1	58. 91	1. 53	1 998. 28	9. 39	0. 008 1	1. 80	34. 92	13. 00	0. 15	232 624

表 4-16　两河段主要污染物接纳量　（单位:t/a）

污染物	排污口		入黄支流		合计	
	包头河段	花园口河段	包头河段	花园口河段	包头河段	花园口河段
COD	16 604	13 672	18 316	156 413	34 919	170 085
BOD_5	5 645	5 714	6 429	40 808.4	12 074	46 522
氨氮	1 111	1 948	1 406	7 133.9	2 517	9 082
挥发酚	0.49	24.58	3.73	55.18	4.21	79.77
总氰化物	0.06	0.51	1.53	0	1.59	0.51
石油类	6.47	45.69	157.17	1 841.11	163.64	1 886.80
总砷	0.873	2.417	2.09	7.30	2.968	9.720
总汞	0.046 2	0	0.008 1	0	0.054 4	0
六价铬	0.95	0.09	1.80	0	2.75	0.09
总铜	0.34	1.09	2.58	32.34	2.93	33.43
总铅	1.19	0.08	13.00	0	14.19	0.08
总镉	0.18	0	0.15	0	0.33	0
合计	23 370	21 408	26 333	206 291	49 703	227 699

包头河段接纳的主要污染物共 4.97 万 t,其中 COD 3.49 万 t, BOD_5 1.21 万 t,氨氮 2 520 t,这 3 种污染物占该河段总量的 99.6%;花园口河段接纳的主要污染物共 22.8 万 t,其中 COD 17.0 万 t, BOD_5 4.65 万 t,氨氮 9 080 t,这 3 种污染物占该河段总量的 99.1%。两河段各功能区主要污染物接纳量见表 4-17。

4.3.4　面源和内(自)源污染

影响水环境的污染源可分为点污染源、面污染源和河道内(自)源等。与点源不同,面源污染的形成、排放、污染有以下几个显著特点:①面源以分散的形式,间歇地向受纳水体排放污染物,这种时间上的间歇性常常与天气有关;②污染物常产生于范围很大的区域中,难于或根本不可能找到污染物的准确排放点,且难于对其进行监测,而点源一般有准确的排放点,可直接对其进行监测;③面源引起的污染与气候、地理、地质等条件密切相关,而且地域性、时间性很强;④面源污染对水质影响最大的时刻多发生在暴雨时或暴雨后,而点源污染却往往表现在受纳水体流量较小时。河道内(自)源主要是水流所挟带的泥沙、河床沉积物和河心洲(滩)、沿河滩区水污染物,在一定的水文、水力和环境条件下,可能对河道水体造成污染。

表 4-17 两河段各功能区主要污染物入黄量汇总

（单位：t/a）

河段	功能区名称	COD	BOD_5	氨氮	挥发酚	总氰化物	石油类	总砷	总汞	六价铬	总铜	总铅	总镉	合计
包头河段	乌拉特前旗过渡区	0	0	0	0	0	0	0	0	0	0	0	0	0
	乌拉特前旗农业用水区	0	0	0	0	0	0	0	0	0	0	0	0	0
	包头昭君坟饮用工业用水区	636	286	5	0. 01	0. 05	0. 74	0. 11	0. 001 3	0. 02	0. 02	0. 10	0. 05	928
	包头昆都仑排污控制区	17 677	6 044	1 402	3. 68	1. 53	155. 82	2. 09	0. 006 1	1. 71	2. 27	13. 00	0. 15	25 303
	包头昆都仑过渡区	1 600	108	515	0. 13	0	1. 75	0. 55	0. 040 5	0. 25	0. 09	0. 56	0. 10	2 226
	包头东河饮用工业用水区	14 368	5 251	591	0. 34	0. 01	3. 98	0. 22	0. 004 4	0. 67	0. 24	0. 54	0. 03	20 216
	土默特右旗农业用水区	639	386	4	0. 05	0	1. 35	0	0. 002 0	0. 09	0. 31	0	0	1 030
	包头段合计	34 920	12 075	2 520	4. 21	1. 59	163. 64	2. 97	0. 054 3	2. 74	2. 93	14. 20	0. 33	49 703
花园口河段	焦作饮用农业用水区	41 030	10 498	3 303	28. 39	0. 51	816. 64	2. 48	0	0. 09	28. 52	0. 08	0	55 707
	郑州新乡饮用工业用水区	129 055	36 024	5 780	51. 38	0	1 070. 16	7. 24	0	0	4. 92	0	0	171 992
	花园口段合计	170 085	46 522	9 080	79. 77	0. 51	1 886. 80	9. 72	0	0. 09	33. 44	0. 08	0	227 699
两河段合计		205 005	58 597	11 600	83. 98	2. 10	2 050. 44	12. 69	0. 054 3	2. 83	36. 37	14. 28	0. 33	277 402

由面源污染特点可知，降雨径流是产生面源污染的主要条件，特别是暴雨时和雨后集汇流过程中更为显著。虽然两个研究河段所处地理位置不同，气候条件有较大差异，但这两个河段的汇流区，降雨强度较大，降雨多集中在汛期(7～10月)，也就是说，面源污染对黄河水环境的影响主要发生在该时段。11月～翌年6月的非汛期，面源污染主要来自大面积的农灌退水。至于如何体现和控制面源污染问题，应视研究对象和目的而定，由于涉及问题和难点很多，本研究不再展开阐述。

关于河道内(自)源问题，是近年来提出的新问题，值得重视和深入研究，但此次所研究的两个河段，特别是花园口河段，属典型的游荡型河道，河床冲淤交替演变，难以形成相对稳定的沉积层。河心滩(洲)和沿河滩堆，也只有在较大洪水时才会被淹没。至于水环境条件，两河段水体 pH 值通常都在 8.0 左右，是微碱性，不利于水污染物的浸出和解析。鉴于上述问题十分繁杂，本研究基本不涉及。

从水污染控制的角度，两河段污染物总量控制研究，应着眼于不利的水环境条件。因此，本次研究的重点是以90%或95%保证率最枯月平均流量为设计条件，在此设计条件下，只要能控制入河排污口、入河支流口和农灌退水口的入河污染物量，作为水污染物总量控制方案，应该说是可行的，由降雨径流所形成的面源污染可不予考虑。

考虑到面源污染的特点及上述原因，本次水污染物总量控制研究，主要是针对点源污染，而对面源污染仅做定性描述。

包头和花园口河段地域宽广、地形多样、耕地面积大，因此面源污染物主要来源于水土流失、农药化肥、工业废渣、废气和垃圾。

4.3.4.1 水土流失

大面积的水土流失，是包括这两个河段在内的整个黄河流域最突出的面源污染。黄河多年平均输沙量为16亿t，平均含沙量高达35 kg/m^3。随暴雨径流进入河流的泥沙不仅使河水的色度、浑浊度增加，影响水体的感官性状，而且泥沙本身含有多种元素和矿物质，在一定的条件下，泥沙吸附的污染物解析出来，对水质造成影响。

4.3.4.2 农药、化肥

黄河这两个河段耕地面积较大，大量使用的化肥、农药，除被作物吸收、分解外，大部分残留在土壤和水分中，然后随农田退水和地表径流进入水体，造成污染。天然水体中的植物营养物(氮、磷)、农药等主要来源于农灌退水。

4.3.4.3 工业废弃物和垃圾

工业生产过程所产生的固体废弃物随着工业发展日益增多，其中以冶金、煤炭、火力发电等行业的排放量最大。一些工矿企业把工业废弃物随意堆积于河滩或直接倾入水体，这些工业废弃物中含有大量易溶于水的物质或在水中发生转化而进入水体的物质，造成水体污染。一些城市垃圾包括居民的生活垃圾、商业垃圾和市政维修管理产生的垃圾，堆积河边，任水流冲洗，污染水体。

4.3.4.4 废气和降尘

由于工业生产、燃料燃烧和汽车尾气，向大气排放大量的二氧化硫、氮氧化物、碳氧化物、碳氢化物和烟尘，这些废气和烟尘可以自然降落或在降水过程中溶于水，而被挟带至河道中，对水体形成污染。

我国自20世纪70年代末才开始注意面源污染的研究，对内(自)源的研究刚刚起步，研究工作还显得十分薄弱。因此充分认识面源和内(自)源污染的危害性，及早开展面源和内(自)源污染负荷定量化及其控制研究，是在基本控制点源污染的情况下，根本改善水环境污染的重大课题。

4.3.5 小结

(1)1998年，包头、花园口两河段共调查入黄排污口14个(包头河段6个、花园口河段8个)，废污水入河总量为9 020万t(包头河段4 310万t、花园口河段4 710万t)，污染物总量为4.48万t(包头河段2.34万t、花园口河段2.14万t)。半数以上的排污口排放的废污水未经任何处理或有效处理，其污染物浓度值达不到国家污水综合排放一级标准的要求，超标排放的现象严重。

(2)从两河段调查和统计的入黄支流来看，入黄水质较差，大多为Ⅴ类和劣Ⅴ类水，有的支流如包头河段的昆都仑河、花园口河段的新老蟒河水质竟超过污水排放标准；两河段12条(包头河段2条、花园口河段10条)入黄支流的输污量为23.3万t，远远大于排污口污染物入黄量，说明支流对两河段水质影响严重，所以控制入黄支流水质，尤其是那些对污染严重的支流如昆都仑河、新老蟒河、洛河，是两河段水环境根本好转的关键。

(3)两河段1998年接纳的污染物总量为27.7万t，其中排污口4.48万t，占总量的16.1%；支流输入23.3万t，占总量的83.9%。在两河段接纳的主要污染物中，COD_{Cr}、BOD_5和氨氮占污染物总量的99.2%，两河段总量控制应有针对性地选择这些污染物作为其污染控制的因子。

(4)根据面源特点，面源污染主要发生在降雨径流时；河道内(自)源污染主要是由河流本身的泥沙造成的，同时与河流水环境条件和降雨径流有关，本研究重点是枯水期(对水污染控制不利情况)，在此设定的条件下，面源和内(自)源污染影响相对较小，主要是进行点源的控制。但是需要指出的是，在一定的条件下如汛期，面源和内(自)源污染对黄河水质影响应予关注，需进一步分析研究。

4.4 纳污能力计算方法研究

黄河包头和花园口河段现状污染严重，目前已不能完全满足周边区域社会经济发展对水功能的要求。为了科学合理地利用有限的黄河水资源，实现水资源的优化配置和有效保护，必须对上述河段实行水污染物总量控制，而进行总量控制的依据和基础就是该河段的纳污能力大小。

根据水环境管理要求，划分水体保护区范围及水质标准要求，由给定的排污地点、方式与数量，把满足不同设计水量条件，单位时间内保护区所能受纳的最大污染物量，称为受纳水域容许纳污量。本次计算的河段纳污能力，是在一定的设计条件下，按确定的水质目标、来水水质以及入河排污口(支流口、农灌退水口，下同)情况，依据水体稀释和污染物自净规律，利用数学水质模型计算出的水体允许最大容纳的污染物量。

本章是在水功能区划与水质保护目标确定的基础上，通过对相关资料的统计分析，并结合这两个河段的实际情况,确定水体纳污能力的计算原则,以不同的设计条件,利用多种数学水质模型,率定计算参数,对拟控制的主要入河污染物COD、氨氮进行纳污能力计算,对计算结果进行对比分析,确定适合两河段纳污能力计算的水质模型,并为"黄河流域水资源保护规划"的编制提供技术支持。

4.4.1 计算原则

为了使水污染物总量控制方案便于实施和管理,本次纳污能力计算根据黄河包头和花园口两河段的实际情况,确定以下基本原则。

4.4.1.1 计算单元的划分原则

本次纳污能力计算的包头和花园口河段河长均较长,对于较长河段的纳污能力通常是将河段划分为较小的计算单元,而后再对这些计算单元进行计算,其和即为该河段的纳污能力。对河段进行计算单元的划分,一般有两种方法,即节点划分法和功能区划分法。

节点划分法,是以大中城市及重要工业区、工矿企业生活饮用水取水口、大型水利枢纽和综合取水口、重要水生态功能保护区、环境资源利用与河道自然条件变异区、行政区界等较为重要和敏感的区域或断面作为划分节点,把河段划分为若干较小的计算单元进行纳污能力计算。这种划分计算单元的方法,在纳污能力计算中较为严密、科学,对河段内重要的保护目标能够起到较好的保护作用,对河段内的污染源(包括入河排污口、入河支流口和农灌退水口)能够起到较好的控制作用,但是这种划分方法主要是用于范围较小的河段,对于范围较大的河段由于其考虑因素较多,在实际操作中不易进行,同时在管理上也与现行的水功能区管理法脱节,造成工作中诸多不便。

另一种划分的方法是水功能区划分法,即以河段的水功能区划为基础,以每一个功能区为一个计算单元进行纳污能力计算。这样划分能使纳污能力计算和总量控制与水功能区划保持一致,便于水污染物总量控制的实施与管理,可操作性强。但是由于这种划分方法过于宏观,一些细节性的问题可能未考虑到,使得部分重要的对象处于得不到完全保护状态。

因此,本次纳污能力计算充分考虑两种划分方法的优缺点,并结合包头和花园口河段的实际情况,对两河段计算单元的划分采取在水功能区划的基础上,以重要的水质敏感点(如重要的城镇、工矿企业生活饮用水取水口等)为节点来划分计算单元。也就是先把研究河段按照水功能区划划分成若干个计算单元,若计算单元内有重要的水质敏感点,则以该敏感点为节点把这个计算单元划分成几个小的子计算单元,分别进行计算。这样划分可兼顾两种划分方法的优点,既使河段内重要的水质敏感点得到充分的保护,又与水功能区划保持一致,便于水污染物总量控制的实施和管理。

4.4.1.2 零污染原则

分河段的办法计算河流纳污能力,往往就有一个河段之间的连接问题。为公正、合理地解决水容量的分配问题,在此引入零污染的概念。所谓零污染概念,既不是拒绝向河道内排污,更有别于工矿企业的零排放。而是利用河流(河段)水体自身的净化能力,使来自上游的污染不传递到下游,即某一个河段接纳废污水后在进入下一个河段时,其水质应恢复到未接纳污染前的水平,不得影响下一个河段的水质和功能。

按照上述原则,本次纳污能力计算工作,采用计算河段内部的“零污染”,即流出计算河段边界断面的某种代表性的污染物浓度,应恢复到该计算河段入流断面处的浓度平均值。

4.4.2 计算范围

纳污能力计算研究范围是黄河包头和花园口河段。按照前述水功能区划结果,以两河段的10个功能区作为计算单元,河段总长511.0 km。其中,包头河段8个功能区,河长322.9 km;花园口河段2个功能区,河长188.1 km。各计算单元划分范围见表4-18。

表4-18 包头、花园口河段纳污能力计算单元一览表

序号	河段	计算单元	起始断面	终止断面	河长(km)
1	包头河段	乌拉特前旗排污控制区	沙圪堵渡口	三湖河口	23.2
2		乌拉特前旗过渡区	三湖河口	三应河头	26.7
3		乌拉特前旗农业用水区	三应河头	黑麻淖渡口	90.3
4		包头昭君坟饮用工业用水区	黑麻淖渡口	西流沟入口	9.3
5		包头昆都仑排污控制区	西流沟入口	红旗渔场	12.1
6		包头昆都仑过渡区	红旗渔场	包神铁路桥	9.2
7		包头东河饮用工业用水区	包神铁路桥	东兴火车站	39
8		土默特右旗农业用水区	东兴火车站	头道拐	113.1
9	花园口河段	焦作饮用农业用水区	小浪底大坝	孤柏嘴	78.1
10		郑州新乡饮用工业用水区	孤柏嘴	狼城岗	110
合计					511.0

为使纳污能力计算与水功能区划紧密结合,并使污染物总量控制方案更加切实可行,本次纳污能力计算单元的划分同水功能区划基本一致。计算单元内若有功能敏感区,如大中城市和重要工矿企业生活饮用取水口,则将该河段划分为两个或几个小的计算单元,其计算单元上断面为该功能区的上断面,控制断面则一般设在取水口上游1 000 m处;下一个计算单元上断面设在取水口下游100 m处,若下游还有取水口,下断面仍设在取水口上游1 000 m,若下游无取水口,下断面则为该功能区的下断面。

本次两河段纳污能力计算考虑的功能敏感区重点是城镇生活饮用取水口,主要包括包钢水源地取水口、达电一二期黄河取水工程、镫口净水厂取水泵房、邙山提灌站、花园口水源厂引黄闸等五处较为重要的城镇生活饮用取水口,具体考虑对象见表4-19。

表 4-19 重要功能敏感区单位

序号	河段	取水口名称	取水口位置	距河源（km）	取水用途	设计取水流量（m^3/s）	1998 年取水量（万 m^3）	取水单位
1	包头河段	包钢水源地取水口	黄河包头昭君坟河段	3 286.6	生活/工业	5.07	14 558	包头钢铁公司
2		达电一二期黄河取水工程	内蒙古包头市画匠营子	3 308.8	工业	1.2	1 816	蒙达发电有限责任公司
3		镫口净水厂取水泵房	东河下游 13 km 镫口村南侧	3 338.1	生活	0.95	1 500	包头市自来水公司
4	花园口河段	邙山提灌站	桃花峪下游 1 km	4 682.0	生活/农业	13.1	12 000	郑州邙山游览区邙山管理处
5		花园口水源厂引黄闸	郑州花园口东大坝	4 696.7	生活	8	8 625	郑州自来水公司

4.4.3 计算模型

污染物进入水体后，立即受到水体的平流输移、纵向离散和横向混合作用，同时与水体发生物理、化学作用和生物生化作用，使水体中污染物浓度逐渐降低，水质逐渐好转。为了客观地描述水体自净或污染物降解规律，较准确地计算出河段的纳污能力，可采用一定的数学模型来描述此过程。纳污能力计算的数学模型主要有零维模型、一维模型、二维模型和三维模型，通常流域水污染物总量控制主要采用的是一维模型，涉及排放口和保护敏感点或保护区的近区问题采用二维模型。

一维模型主要适用于宽深比较小、污染物在较短的河段内基本上能混合均匀，且污染物浓度在断面横向方向变化不大；或者是计算河段较长，横向和垂向的污染物浓度梯度可以忽略的河段。

二维模型主要适用于入河污染物在水深方向基本上混合均匀，但在河流的纵向和横向上形成混合区的河段，即考虑污染物的混合过程，这时河流的水质变化过程就需要用二维水质模型描述。当计算河段内有保护敏感点，特别是城镇饮用水取水口时，需要利用二维模型来计算污染物混合长度，以判断排污口对取水口的影响。

根据上述模型的适用条件，结合包头河段和花园口河段的实际情况，本次两河段纳污能力计算以一维模型为主，对有重要保护目标的水功能区，采用二维模型计算。

本次纳污能力计算采用模型如下。

4.4.3.1 均匀分布模型推导过程及适用条件

如图 4-1 所示，设计水位相应的河流断面面积为 A，设计流量为 Q，入流断面设计水质为 C_0，降解系数为 K，若此功能区要求水质目标为 C_s。

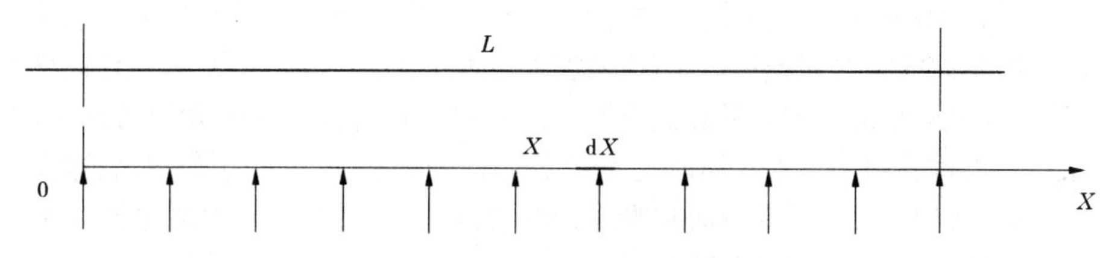

图 4-1　均匀分布模型计算示意图

设纳污能力为 W,根据概化,单位河长纳污量应为 W/L,建立图示坐标系,在河段内选一微段,长为 $\mathrm{d}X$,坐标为 X,则此微段污染物输运至 $X=L$ 处的剩余质量为:

$$\mathrm{d}m = \frac{W}{L}\exp\left(-K\frac{L-X}{u}\right)\mathrm{d}X \tag{4-1}$$

单位时间内,经过 $X=L$ 所在断面的污染物总量,应为上游 L 长河段内排放的各微段的质量降解至本断面剩余质量的叠加,即

$$\begin{aligned} m &= \int_0^L \mathrm{d}m \\ &= W\frac{u}{KL}\left[1-\exp\left(-K\frac{L}{u}\right)\right] \end{aligned} \tag{4-2}$$

相应浓度为:

$$C = W\frac{u}{QKL}\left[1-\exp\left(-K\frac{L}{u}\right)\right] \tag{4-3}$$

根据纳污能力的定义:

$$\begin{aligned} W &= \frac{C_s - C_0\mathrm{e}^{-K\frac{L}{u}}}{1-\mathrm{e}^{-K\frac{L}{u}}}(QKL/u) \\ &= \frac{C_s - C_0\mathrm{e}^{-K\frac{L}{u}}}{1-\mathrm{e}^{-K\frac{L}{u}}}KV \quad (\mathrm{g/s}) \\ &= 86.4\times\frac{C_s - C_0\mathrm{e}^{-K\frac{L}{u}}}{1-\mathrm{e}^{-K\frac{L}{u}}}KV \quad (\mathrm{kg/d}) \end{aligned}$$

即

$$W = 86.4\times\frac{C_s - C_0\mathrm{e}^{-K\frac{L}{u}}}{1-\mathrm{e}^{-K\frac{L}{u}}}KV \tag{4-4}$$

式中　W——计算单元的纳污能力,kg/d;

86.4——单位换算系数;

C_s——计算单元水质目标值,mg/L;

C_0——计算单元上断面污染物浓度,mg/L;

K——污染物综合降解系数,1/s;

L——上、下断面的距离,m;

u——设计流量下河段平均流速,m/s;

V——水体体积,m^3。

该模型是一种理想化的一维模型,不考虑混合过程,并且认为纳污能力在计算河段内均匀分布。从模型可以看出,河段的纳污能力只和河道自身的天然条件如流量、流速等因素有关,与污染源的状况如排污口位置、入河废污水量无关,也就是说,利用该模型计算出的纳污能力反映的是河段的一种自然属性。该模型比较适合水量较大的河流,因为河流水量大,排污口排放的废污水量同河流的流量相比,所占比例很小,可以忽略,这样就比较符合该模型的适用条件。利用这种模型进行纳污能力计算,对某一河段也许存在一定偏差,但却可以使整体上的计算任务得以简化。

4.4.3.2 排污口概化模型及适用条件

1)概化模型

如图4-2所示,在设计流量 Q、入流水质 C_0、水质目标 C_s、污染源 $\sum q$ 加入的条件下,计算单元河段下断面最大允许通过的污染物通量为 $(Q+\sum q)C_s$,进入计算单元河段的污染物通量为 QC_0;为求出污染源最大允许排污量,可由一维水质模型计算。

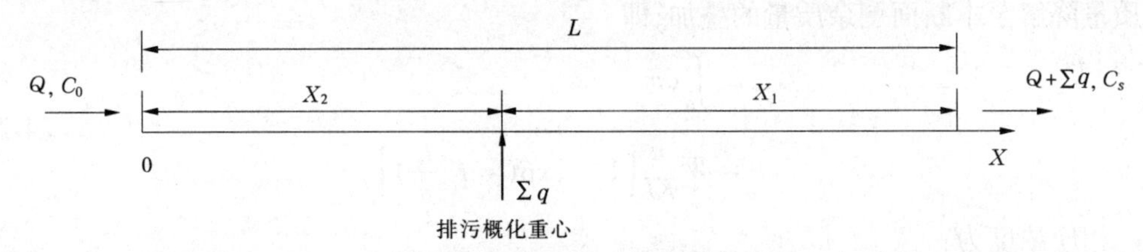

图4-2 排污口概化模型计算示意图

$$C = C_0\exp(-KX/u) \tag{4-5}$$

式中 X——上、下断面间距离,km;

u——设计流量下河段平均流速,km/d;

K——污染物综合降解系数,1/d。

可以推出下断面污染物通量经还原至污染源处为 $(Q+\sum q)C_s\exp(KX_1/u)$,计算单元(河段)上断面污染物通量经降解,至污染源处还剩余 $QC_0\exp(-KX_2/u)$;由污染物平衡得知,计算河段上断面降解至污染源处剩余的污染物量与污染源排入河道的污染物量之和,应与计算单元(河段)下断面污染物还原至污染源处的污染物通量相等,因此有:

$$[W] + C_0Q\exp\left(-K\frac{X_2}{86.4u}\right) = C_s\left(Q + \sum q_i\right)\exp\left(K\frac{X_1}{86.4u}\right)$$

即

$$[W] = C_s\left(Q + \sum q_i\right)\exp\left(K\frac{X_1}{86.4u}\right) - C_0Q\exp\left(-K\frac{X_2}{86.4u}\right) \tag{4-6}$$

式中 W——计算单元(河段)的纳污能力,g/s;

Q——单元(河段)的设计流量,m^3/s;

C_s——单元(河段)水质目标值,mg/L;

C_0——单元(河段)上断面污染物浓度,mg/L;

q_i——i 排污口的污废水排放量,m^3/s;

K——污染物综合降解系数,1/d;

X_1——排污概化口至下游控制断面的距离,km;

X_2——排污概化口至上游对照断面的距离,km;

u——平均流速,m/s。

该模型在不考虑混合过程的基础上,考虑了现有排污口的实际状况,如位置、废污水量等对纳污能力的影响,并在具体计算时对排污口的位置进行了概化。该模型反映了计算单元(河段)在一定的排污口分布、废污量和设定的水文、水质条件下,所具有的纳污能力。该模型比较适用于流量较小的河流,其原因是,河流流量较小,排污口进入河流的流量所占比例相对较大,不能忽略。

考虑到纳污能力计算的复杂性,在实际计算时对排污口和支流口位置进行了概化。概化方法是以排污口、支流口和农灌退水口排放污染物的等标负荷为权重进行计算,找出河段的排污重心,并计算出污染重心到上、下断面和水功能保护敏感点的距离;情况比较简单时,可直接利用污水量为权重或依据直观感受进行概化。具体计算示意图如图 4-3 所示,计算公式如下:

$$\left.\begin{aligned} X_1 &= \frac{q_1 C_1 x_1 + q_2 C_2 x_2 + \cdots + q_i C_i x_i}{q_1 C_1 + q_2 C_2 + \cdots + q_i C_i} \\ X_2 &= L - X_1 \end{aligned}\right\} \tag{4-7}$$

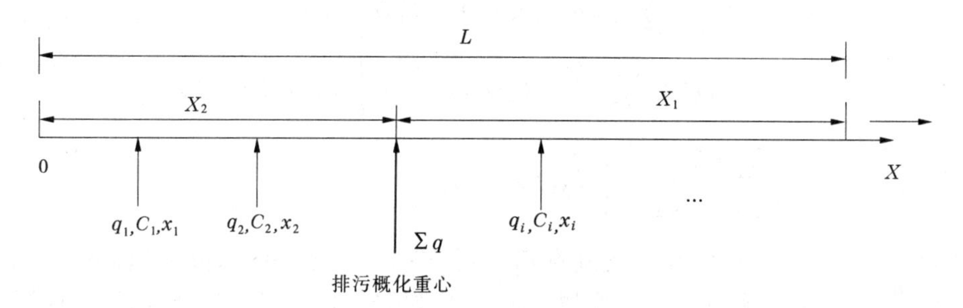

图 4-3 排污口概化示意图

式中 $x_1, x_2, \cdots, x_i$——排污口、支流口及农灌退水口到计算河段下断面的距离;

其他符号意义同前。

2)概化源的合理性问题

污染源概化前,根据常用的一维计算公式,有:

$$W' = (Q + \sum q_i) C_s - QC_0 \exp(-KL/u) - \sum q_i C_i \exp(-KX_i/u) \tag{4-8}$$

$W' \geq 0$ 时,指的是在现有排污口、支流口分布的情况下,研究水域除排污口、支流口的污染物外,还能容纳的污染物的量(指在研究水域下断面处的污染物量)。

$W' < 0$,指的是在现有排污口、支流口分布的情况下,研究水域除排污口、支流口的污染物外,为保证水质目标的实现,排污口和支流应该削减的污染物的量(指在研究水域下断面处的污染物量)。

$$W'_i = W' \frac{q_i C_i \exp(-Kx_i/u)}{\sum q_i C_i \exp(-Kx_i/u)}$$

$$W''_i = W'_i\exp(Kx_i/u) = W'\frac{q_iC_i}{\sum q_iC_i\exp(-Kx_i/u)}$$

$$W_{允i} = q_iC_i + W''_i = q_iC_i\frac{(Q+\sum q_i)C_s - QC_0\exp(-KL/u)}{\sum q_iC_i\exp(-Kx_i/u)}$$

$$W_{允} = \sum W_{允i} = [(Q+\sum q_i)C_s - QC_0\exp(-KL/u)]\frac{\sum q_iC_i}{\sum q_iC_i\exp(-Kx_i/u)}$$

式中 W'_i——研究水域下断面处,除已接纳的排污口、支流的污染物量,研究水域还可以承受的排污口(支流)i的排污量;

W''_i——还原到排污口(支流)i的实际入黄口处,除已接纳的排污口、支流的污染物量,研究水域还可以承受的排污口(支流)i的排污量;

$W_{允i}$——排污口(支流)i的全部允许排污量;

$W_{允}$——研究水域的纳污能力。

污染源概化后,根据前述概化模型,研究水域纳污能力为:

$$\begin{aligned}W &= C_s(Q+\sum q_i)\exp(K\frac{X_1}{u}) - C_0Q\exp(-K\frac{X_2}{u})\\ &= [C_s(Q+\sum q_i) - C_0Q\exp(-K\frac{L}{u})]\exp(KX_1/u)\end{aligned}$$

令 $f = \dfrac{W_{允}}{W} = \dfrac{\sum q_iC_i}{\sum q_iC_i\exp(-Kx_i/u)}/\exp(KX_1/u)$

根据2005年黄河干流排污口、支流的实际位置和排污情况可推得,黄河干流f=0.992 4~1.000 0。此结果说明,将多个污染源概化成一个排污口进行黄河水域纳污能力计算的结果,与未概化时的计算结果相差很小,该方法可行,能够被水资源保护监督管理所接受。

对于任意排污口(支流)i,可推得,污染源概化后:

$$W_i = q_iC_i\frac{[C_s(Q+\sum q_i) - C_0Q\exp(-K\frac{L}{u})]\exp(KX_1/u)}{\sum q_iC_i} \tag{4-9}$$

式中 W_i——排污口(支流)i所能接纳的污染物量。

令 $N = \dfrac{W_{允i}}{W_i} = \dfrac{\sum q_iC_i}{\sum q_iC_i\exp(-Kx_i/u)}/\exp(KX_1/u) = f$

这说明,对任意入河排污口(支流)i概化处理后,进行允许入河量控制计算也是可行的,能够被水资源保护监督管理所接受。

当然,黄河实际情况复杂多变,在很多情况下,基础资料不是那么全面,在这种情况下可以根据沿河城镇分布、灌区分布等实际情况,或依据直观感受进行入河排污的概化。

4.4.3.3 二维模型(岸边排放)及适用条件

对于计算单元(河段)内有水功能敏感区,如饮用水水源地的河段,由于排污口距取水口相对较近,污染物有时不能完全混合,所以这时应该考虑污染物混合长度以判断排污口对取水口的影响，因此这时需用二维模型进行计算。其示意图见图4-4。

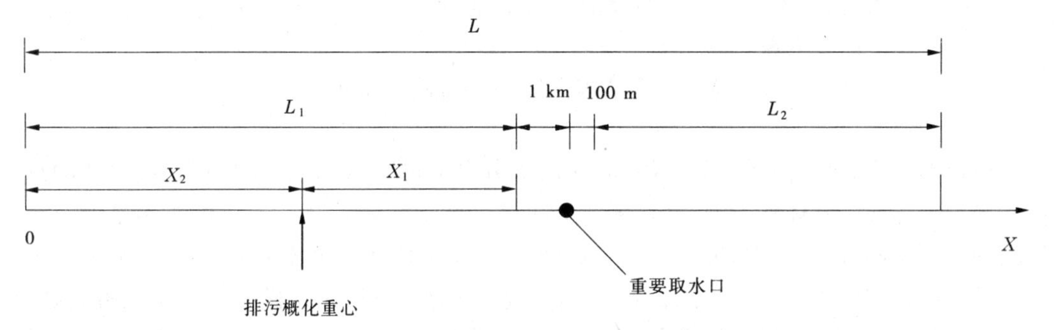

图4-4 二维模型（岸边排放）计算示意图

河流水质污染二维模型为：

$$C(x,z)=\frac{m}{hu\sqrt{\pi E_z\frac{x}{u}}}\exp\left(-\frac{z^2u}{4E_zx}-K\frac{x}{u}\right) \tag{4-10}$$

式中 m——河段入河污染物与背景断面流入的污染物之和；

u——设计流量下污染带内的纵向平均流速，m/s；

h——设计流量下污染带起始断面平均水深，m；

E_z——横向扩散系数，m^2/s；

x——敏感点到排污口纵向距离，m；

z——敏感点到排污口所在岸边的横向距离，m。

通常情况下，黄河干流上取水口均为岸边式取水口，因此取水口到排污口所在岸边的横向距离 z 可以认为是零，所以，河流水质污染二维模型为：

$$C(x)=\frac{m}{hu\sqrt{\pi E_z\frac{x}{u}}}\exp\left(-K\frac{x}{u}\right) \tag{4-11}$$

利用河流水质污染二维模型可知，对于计算河段下断面通过的污染物通量为$(Q+q)C_s$，经还原至排污口处的污染物通量为 $C_s\exp(Kx_1/u)hu\sqrt{\pi E_z\frac{x}{u}}$；对于计算河段上断面通过的污染物通量 QC_0，经降解至排污口处的污染物通量为 $C_0\exp(-Kx_2/u)hu\sqrt{\pi E_z\frac{x}{u}}$，由污染物入出平衡可知，计算单元河段上断面污染物降解至排污口处剩余的污染物通量和排污口进入河道污染物通量之和，应等于计算下断面污染物通量还原至排污口的污染物通量，因此有：

$$[W]+C_0\exp\left(-K\frac{x_2}{86.4u}\right)\cdot hu\sqrt{\pi E_y\frac{x}{u}}=C_s\exp\left(K\frac{x_1}{86.4u}\right)\cdot hu\sqrt{\pi E_y\frac{x}{u}}$$

即

$$[W]=\left[C_s\exp\left(K\frac{x_1}{86.4u}\right)-C_0\exp\left(-K\frac{x_2}{86.4u}\right)\right]\cdot hu\sqrt{\pi E_y\frac{x}{u}} \tag{4-12}$$

式中 u——设计流量下污染带内的纵向平均流速,m/s;

h——设计流量下污染带起始断面平均水深,m;

E_y——横向扩散系数,m^2/s;

x——计算点(或功能敏感点)至排污口的纵向距离,km;

其他符号意义同前。

该模型认为,排入河道中的污染物,在水深方向上可以迅速混合均匀,而在水体的纵向和横向上形成一定体积的混合区,因此该河段水体纳污能力计算的水体并不是通过该河段的全部水体,而是在混合区内参与混合的那一部分水体。该模型同一维模型相比,考虑了污染物在水体中的横向扩散,污染物在河道中的混合过程,这样参与污染物混合、降解的水体相对于一维模型来说有所减少,因此该模型的计算结果偏小,控制偏严,比较适合具有饮用水水源地河段的纳污能力计算。

4.4.4 参数确定

水质模型中的参数是物理的、化学的、生物过程中的常数,在纳污能力计算中,参数的确定和取值是否符合客观实际,直接关系到计算结果是否准确合理,因此参数的确定和取值是纳污能力计算中关键的一步。

4.4.4.1 控制因子

根据包头、花园口河段的水质和污染源现状评价结果,COD 和氨氮是污染最普遍、最严重的 2 个因子,欲使两河段水环境质量根本好转,必须严格控制其入河量。

因此,确定 COD 和氨氮作为包头河段、花园口河段的纳污能力计算与污染物总量控制的首选因子。

4.4.4.2 设计流量

设计流量是河流水文参数中最基本的一个参数,它不仅直接影响到其他水文参数,而且在纳污能力计算中至关重要。

1)资料系列选取

经分析,黄河干流 1970~1998 年 29 年实测水文资料系列,涵盖了 20 世纪 70 年代以来的丰、平、枯水期,具有较好的代表性。黄河干流主要水文站各时段实测年均径流量见表 4-20。

表 4-20 黄河干流主要水文站各时期实测年均径流量 (单位:亿 m^3)

站名	1970~1979 年平均	1980~1986 年平均	1987~1998 年平均	1970~1998 年平均
兰州	317.9	354.3	264.8	304.7
头道拐	233.2	262.6	163.5	211.4
潼关	357.4	396.9	264.9	328.6
花园口	380.7	445.7	260.0	355.1
泺口	328.7	354.3	188.2	276.7

1986 年 10 月,黄河龙羊峡水库下闸蓄水,按其调节性能,宜用该库投入运用以后的水文系列。但该系列较短,且 90 年代以来黄河处于枯水期,由黄河干流主要水文站不同

系列90%保证率设计流量(见表4-21)计算结果看,1989 ~ 1998年系列比1970 ~ 1998年系列明显偏小,龙门站以下更为突出,若以短系列控制,代表性较差。

为使研究河段流量资料系列能与黄河干流整体资料相吻合,同时综合考虑社会经济发展和水资源保护要求,结合黄河干流水文资料情况,本次包头、花园口河段纳污能力计算,选用1970 ~ 1998年实测水文资料系列求算设计流量。

表4-21　黄河主要水文站不同系列90%保证率设计流量　　(单位:m^3/s)

站名	兰州	头道拐	龙门	潼关	花园口	泺口
1970 ~ 1998年系列	348	73.9	154	164	202	38.7
1989 ~ 1998年系列	329	73.9	129	102	127	0

2)保证率计算

保证率计算采用我国水文统计中最常用的维伯尔公式:

$$P = \frac{m}{n+1} \times 100\% \tag{4-13}$$

式中　P —— 设计保证率(%);

m——样本秩数;

n——样本总数。

3)取值原则

出于研究工作的需要,本次包头和花园口河段纳污能力计算,采用不同水期、不同保证率设计流量。在充分考虑两河段自然环境、水资源开发利用程度、环境需水量和河道整体功能等因素的基础上,突出生活饮用水源地保护,确定上述河段纳污能力计算单元设计流量推求的主要原则如下:

(1)黄河干流丰、枯水期较为明显,由前述评价可知,各水期水污染状况也不相同,为使所计算得出的纳污能力能较好地代表不同水期条件下的河道容量,本研究采用不同保证率丰水高温期、枯水低温期、枯水农灌期的平均流量作为设计流量,以便分析、对比。具体计算方法:将两河段1970 ~ 1998年流量资料系列,按丰水高温期、枯水低温期、枯水农灌期,分别求出单个样本的平均流量,而后按水文统计中维伯尔计算方法,求出两河段不同水期的设计流量(一般河段采用90%保证率设计流量,饮用水功能区采用95%保证率设计流量)。

(2)《制定地方水污染物排放标准的技术原则和方法》(GB 3839—83)中规定:一般河流采用近10年最枯月平均流量,或90%保证率最枯月平均流量作为设计流量。为保证不利条件下两河段水质的安全,采用1970 ~ 1998年系列资料不同保证率最枯月平均流量作为设计流量(一般计算单元的设计流量采用90%保证率最枯月平均流量,具有饮用水功能的计算单元采用95%保证率最枯月平均流量)。

(3)考虑两研究河段低限河道环境需水量和大型水利枢纽工程调蓄作用,确定各计算单元的设计流量。

①包头河段

黄河包头河段地处黄河宁蒙灌区的下部。20世纪90年代以来，由于耗用（含农灌、工业和城市生活）黄河水量不断增加，流域性年降水量相对偏少，黄河水资源未能真正而有效地实行全河统一调度和管理，以及区域性下垫面条件变化较大等原因，该河段河川径流呈急剧下降之势。以该河段末端的头道拐水文站为例，龙羊峡建库后的1987～1998年实测年均径流量仅166.6亿 m^3，比建库前的1950～1986年实测值偏小34%，比多年平均值（1950～1998年）偏小28%。在河川径流量锐减的同时，工业、生活废污水和农灌退水量却与日俱增，致使该河段水污染加重，现状水质比80年代后期大致下降两个类别，水环境日趋恶化。

在80年代编制的《黄河水资源利用规划》（黄委会设计院）和《黄河水资源保护规划》（黄河水资源保护办公室）报告中，均提出了控制头道拐站（河口镇）的最小流量问题，其值为200 m^3/s 或150 m^3/s。报告按56年（1919～1975年）水文资料系列调算，预计龙羊峡水库运用后，2000年水平头道拐站 $P=90\%$ 的枯水流量为150 m^3/s。但事实是，按1987～1998年水文资料系列计算，头道拐站90%保证率设计流量仅为73.9 m^3/s，还不到预测值的1/2。

头道拐水文站地处黄河上、中游的分界处，下距已建万家寨水库坝址114 km，正好位于黄河干流已划定的一级功能区——万家寨调水水源保护区的首部。由此可见，保持和控制头道拐站的最小下泄流量，对其上、下游水资源和水环境生态保护，都是十分必要的。着眼未来，宁蒙灌区节水措施将会产生一定成效；自1999年以来，由国务院授权黄委会实施的黄河干流水量统一调度工作，将会进一步完善，水资源优化配置和监督管理将会加强；从黄河水资源基本特征看，90年代所出现的枯水时段不会一直持续下去，由枯转丰有其客观规律性；在宁蒙灌区之上拟修建的大柳树（或黑山峡）重大水利枢纽，对水资源的调节将发挥重要作用。基于上述分析，研究认为，从水环境保护角度，将黄河头道拐站的低限河道环境需水量确定为150 m^3/s，其以上各计算单元（河段）相应调至200 m^3/s，是必要的也是基本可行的。

②花园口河段

花园口河段地处黄河中、下游的过渡段，是黄河下游豫、鲁引黄灌区的顶端，由于雷同于前述河段的原因，90年代以来，花园口水文站实测年径流量大幅度减少，1987～1998实测年均径流量仅284.7 m^3/s，比1950～1986年实测值偏小37.4%，比多年平均值（1950～1998年）偏小31.1%。最枯的1997年，年径流量只有143亿 m^3，仅为多年均值的34.6%。河川径流量减少，水体纳污能力相应降低，水环境恶化趋势明显，该河段水质已由90年代初的Ⅱ、Ⅲ类，下降为目前的Ⅳ、Ⅴ类。

80年代所编《黄河水资源保护规划》及其相关研究中，针对水资源保护需要，提出花园口站最小流量应不小于250 m^3/s。依据《黄河重大问题及其对策》论述，为维持黄河下游河道生态环境基本需要，非汛期（11月～翌年6月）入海水量应不少于50亿 m^3（平均流量约240 m^3/s），其入海最小流量控制在50 m^3/s 以上。由黄河流域水资源保护局完成的"九五"国家重点科技攻关子专题（98－928－01－02－04）《三门峡以下水环境保护研究》已通过审查验收，并给予较高评价。该子专题在收集大量国内外资料的基础上，运用多种方法，对黄河小浪底以下至入海口段的生态环境需水量进行了比较深入细致的研究，经归纳整合确定小浪底—花园口河段最小生态环境需水量基本在300 m^3/s左右,目前,处于本研究河段之上的小浪底水库已建成,并投入正常运用,根据其发电功能和装机状况,在单机运行时下泄流量亦在300 m^3/s左右。研究认为,小浪底水库建成运行后,紧密结合小浪底水库的调控作用和运行特点,综合考虑黄河下游的实际情况和河道生态环境的需求,确定其低限河道环境需水量为300 m^3/s(花园口站)是比较切合实际的。

根据以上原则和分析论证,综合给出本次两河段的设计流量,见表4-22。

表4-22 包头、花园口河段设计流量一览表

河段	二级功能区名称	设计流量 Q(m^3/s)				
		最枯月(环境水量)	最枯月	丰水高温期	枯水低温期	枯水农灌期
包头河段	乌拉特前旗非排污控制区	200	86	384	430	388
	乌拉特前旗过渡区	200	93	384	430	388
	乌拉特前旗农业用水区	200	93	384	430	388
	包头昭君坟饮用工业用水区	200	80	347	422	385
	包头昆都仑排污控制区	200	85	456	429	393
	包头昆都仑过渡区	200	85	456	429	393
	包头东河饮用工业用水区	200	80	347	422	385
	土默特右旗农业用水区	150	85	456	429	393
花园口河段	焦作饮用农业用水区	300	181	518	320	540
	郑州新乡饮用工业用水区	300	181	515	332	559

由表4-22可以看出,除最枯月外,各功能区同保证率下不同水期设计流量相差不大,有些丰水期的设计值反而比枯水期小,即存在“丰水期不丰,枯水期不枯”现象。其原因主要是受大型水利工程调控作用和90年代枯水时段影响所致。

4.4.4.3 综合降解系数(K)

综合降解系数为污染物浓度随时间变化的综合结果,其作用包括物理净化(稀释混合、沉降、吸附、絮凝)、化学净化(分解化合、酸碱反应、氧化还原)和生物净化(生物分解、生物转化、生物富集)等,反映了污染物在水体中降解速度的快慢。许多科学实验和研究资料表明,降解系数不但与河流的水文条件,如流量、水温、pH值、流速、河宽、水深、泥沙含量等因素有关,更为重要的是与河道的污染程度有关。本次主要对COD_{Cr}和氨氮的综合降解系数进行分析并进行确定。

化学需氧量是指水体中易被强氧化剂氧化的还原性物质所消耗的氧化剂的量,结果折算成氧的量。它是表征水体中还原性物质的综合性指标,包括有机物、亚硝酸盐、亚铁盐、硫化物等,其中主要是有机物,因此其可作为有机物相对含量的指标之一。COD_{Cr}的定量方法因氧化剂的种类和浓度、氧化强度、反应温度及时间等条件的不同而出现不同的结果。另一方面,在同样条件下也会因水体中还原性物质的种类与浓度不同而呈现不同的氧化程度。因此,对于COD_{Cr}来说,它并不是单一含义的指标,随着测定方法的不同,测定值也不同,它是水体中受还原性物质污染的综合指标,主要是水体受有机污染的综合性指标。黄河属于高含沙水体，由于水少沙多、水沙异源、含沙量与泥沙颗粒级配的时空变化明显、泥沙与水质的关系复杂等客观原因，使黄河监测 COD_{Cr}的数据要比较准确地反映黄河水质状况带来了一定的难度。

地表水中氨氮主要来源包括：在地表水中天然地含有氮；氨以氮肥等形式施入耕地中，除作物吸收外，大部分随地表径流进入地表水体；含氮有机物的分解产物；在水溶液中主要存在的几种形态氮是硝酸盐氮、亚硝酸盐氮、氨氮和有机氮。通过生物化学作用，它们是可以相互转化的。其降解过程包括氨化反应、硝化反应和反硝化反应。在水溶液中的氨氮是以游离氨（或称非离子氨，NH_3）或离子铵（NH_4^+）形态存在的氮。氨的沸点低（-33.35 ℃），易挥发，且极易溶于水。其在水中的平衡方程为：

$$NH_3(g) + nH_2O(l) \Leftrightarrow NH_3 \cdot nH_2O(aq) \Leftrightarrow NH_4^+ + OH^- + (n-1)H_2O(l)$$

从以上可以看出，随 pH 值升高，有利于 $NH_3(g)$挥发；温度升高也有利于 $NH_3(g)$的挥发，这是 NH_3 的自净过程。

鉴于 COD_{Cr}和氨氮的复杂原因，本次对于包头和花园口河段的综合降解系数的确定主要采用实测资料反推和类比确定。

1）实测资料反推

利用实测水质资料反推 K 值，计算公式如下：

$$K = 86.4u(\ln C_1 - \ln C_2)/x \tag{4-14}$$

式中 K——污染物综合降解系数，1/d；

C_1——河段上断面污染物浓度，mg/L；

C_2——河段下断面污染物浓度，mg/L；

u——河段平均流速，m/s；

x——上、下断面距离，km；

86.4——单位换算系数。

选取黄河上游（镫口—头道拐）、中游（喇嘛湾—府谷）、下游（花园口—高村）3 个基本无支流和排污口汇入的河段，利用近年来的水质监测资料，按汛期、非汛期和年均值，对 COD_{Cr}和氨氮的降解系数分别进行计算，其结果是 COD_{Cr}的降解系数为 0.11 ~ 0.19 d^{-1}，氨氮的降解系数为 0.10 ~ 0.19 d^{-1}。

2）类比分析

现收集到的国内外的一些河流的 BOD_5 降解系数（K）见表 4-23。

由表 4-23 可以看出，在国内外 24 条河流中，BOD_5 降解系数 K 值的下限或变化范围≤0.35 d^{-1}的有 17 条，占 70.8%。一般而论，COD_{Cr}降解系数比 BOD_5 要小，约为 BOD_5 降解系数的 60% ~ 70%。以此推断，大约有 70% 以上的河流其 COD_{Cr}降解系数在 0.20 ~ 0.25 d^{-1}。

综合考虑黄河干流实测资料反推结果和类比分析情况，包头和花园口河段纳污能力计算中枯汛期降解系数（K 值）范围：COD_{Cr} 的 K 值为 0.11 ~ 0.25 d^{-1}，氨氮的 K 值为 0.10 ~ 0.22 d^{-1}。其中排污较为集中（水体污染物浓度梯度相对较大）、流速较大和水温相对较高的河段，其值相对较高。

表 4-23 国内外部分河流 BOD_5 降解系数(K)

序号	K值(d^{-1})	国家	河流	研究人
1	0.3 ~ 0.4	美国	Willamette 河	Revette
2	0.5	美国	Bagmati 河	Davis
3	0.14 ~ 2.1	美国	Mile 河	Cump
4	0.039 ~ 5.2	美国	Holston 河	Kittrell
5	0.32	美国	San Antonio 河	Texas
6	0.42 ~ 0.98	英国	Trent 河	Collinge
7	0.56	英国	Tame 河	Garland
8	0.18	英国	Thames 河	Wood
9	0.53	日本	Yomo 河	田村坦之
10	0.23	日本	寝屋川	杉木昭典
11	0.19	波兰	Odra 河	Mamzack
12	0.1 ~ 2.0	德国	Necker 河	Hahn
13	0.01 ~ 1.0	法国	Vienne 河	Chevereau
14	0.2	墨西哥	Lerma 河	Banks
15	0.15	以色列	Alexander 河	Aefi
16	0.3 ~ 1.0	中国	黄河	
17	0.1 ~ 0.13	中国	漓江	叶长明
18	0.35	中国	沱江	夏青
19	0.015 ~ 0.13	中国	第一松花江	
20	0.14 ~ 0.26	中国	第二松花江	
21	0.2 ~ 3.45	中国	图们江	
22	1.7	中国	渭河	
23	0.88 ~ 2.52	中国	江苏清安河	
24	0.5 ~ 1.4	中国	丹东大沙河	

3)水温对综合降解系数的影响

本次纳污能力计算研究采用的设计流量分属不同水期。综观黄河干流水质监测资料,从中发现有些水质参数,特别是氨氮类,在基本雷同的水动力条件和河道边界条件下,其丰水高温期(7 ~ 10 月)的测值,比枯水低温期(11 月 ~ 翌年 2 月)大约降低 50%,也就是说若单以此参数评价,水质可相应提高 Ⅰ ~ Ⅱ 个类别。COD_{Cr}也有类似现象。

黄河干流水体 pH 值相对比较稳定,基本处于恒定状态,因此包头、花园口河段 pH 值对氨氮综合降解系数的影响可以忽略不计,本次主要考虑温度对氨氮综合降解系数的影响,COD_{Cr}类似处理。

水温对 K 值的影响较大,K 和水温的估算关系式如下:

$$K_T = K_{20} \times 1.047^{(T-20)} \tag{4-15}$$

式中 K_T——T ℃时的 K 值;

T——水温,℃;

K_{20}——20 ℃时的 K 值。

所以,不同水期的污染物综合降解系数在枯水期资料基础上,主要考虑水温的影响对

K 值进行估算。研究河段主要水文站近年来实测水温统计见表4-24。

表4-24　昭君坟和花园口水文站近年来实测水温统计　（单位:℃）

水文站	年份	水期		
		丰水高温期	枯水低温期	枯水农灌期
昭君坟	1992年	18.1	11.3	0.0
	1993年	17.8	10.7	1.2
	1994年	18.6	12.0	1.6
	1995年	18.2	10.8	0.8
	1996年	20.2	10.8	0.0
	1997年	18.5	11.0	0.5
	1998年	23.0	13.5	1.5
	1999年	20.3	14.3	1.8
	平均	19.3	11.8	0.9
花园口	1992年	24.1	16.8	4.5
	1993年	19.3	17.3	4.8
	1994年	26.8	19.5	6.5
	1995年	24.5	19.5	5.5
	1996年	20.5	17.8	5.3
	1997年	26.8	15.8	5.9
	1998年	25.0	14.8	5.5
	1999年	27.8	16.4	5.8
	平均	24.3	17.2	5.5

根据多年统计水温资料,依公式(4-15)算出昭君坟河段丰水高温期的 K 值为枯水低温期的2.33倍,枯水农灌期的 K 值为枯水低温期的1.65倍;花园口河段丰水高温期的 K 值为枯水低温期的2.37倍,枯水农灌期的 K 值为枯水低温期的1.71倍。另外,按汛期、非汛期计算,昭君坟河段汛期的 K 值为非汛期的1.81倍,花园口河段汛期的 K 值也为非汛期的1.81倍。以 COD_{Cr}、氨氮为例,综合分析多年水质监测资料,可以看出汛期 COD_{Cr}、氨氮浓度较非汛期有明显降低,一方面是由于汛期水量较大,增加了河道的稀释容量,另一方面汛期(7~10月)温度较高,使污染物综合降解系数增加,加快了污染物自身的降解速度。因此,综合考虑多种因素,包头河段和花园口河段在纳污能力计算中降解系数汛期(K 值)一般比非汛期(K 值)大50%左右,其 K 值范围为:COD_{Cr} 的 K 值为0.17~0.38 d^{-1},氨氮的 K 值为0.15~0.33 d^{-1}。

4.4.4.4　水质目标和背景水质浓度的取值问题

水资源保护规划的核心工作是纳污能力审定和污染物总量控制方案的制定(意即纳污能力的分配)。纳污能力作为一种带有自然和社会属性的重要资源,如何在既定的水功能区中科学、合理地进行审定和分配是一项重要的工作。其中,水质目标(C_s)和背景水质浓度(C_0)就是体现纳污能力"资源分配"、"公允性"的重要参数。

通常,如果河流现状处于天然状态或是污染较轻,上游背景来水污染物浓度 C_0 一般可确定为计算河段上游断面的天然情况下的背景值,或是污染物实测浓度平均值(可为年均值,亦可为计算时段河流各水期的平均值)。但是,目前黄河干流污染严重,除上游部分河段外基本上不存在河流水体的天然状态;而且,由于河流水体的连续传递性,自下河沿断面以下河段,上游河段的污染均在一定程度上影响到下游河段的水体水质,倘若 C_0 值仍沿用通常取值法显然是不尽合理的。因此,在进行水域纳污能力审定时,为体现一种公平性,体现"上游河段污染不影响下游河段",不因上游污染严重而减少下游河段的纳污能力,也不因上游河段处于天然状态或污染较轻就增加下游河段的纳污能力,背景来水污染物浓度 C_0 选用上游计算河段的水功能区水质目标,这显然是既能够强化上游水质较好河段的水资源保护,又对下游河段是公平的,容易被各计算河段或水功能区所接受。

另外,现行的"中国水功能区划(试行)"其区划水质目标强调要求的是水资源的生活饮用、工业、农业等使用功能被达到,兼顾生态功能。但是,在具体进行纳污能力审定时,由于一般水资源的使用功能对污染物的浓度的要求通常都是有一个承受范围的,而且现行的《地表水环境质量标准》(GB 3838—2002)及水质评价方法,对地表水各类因子的定类也仅仅只是一个范围,如地表水Ⅲ类水范围是 COD_{Cr} 为 15 ~ 20 mg/L,氨氮为 0.5 ~ 1.0 mg/L。如何合理地取值 C_s、C_0 就成了一个问题。为体现公平、公正性,体现纳污能力的资源特性,不因计算河段上游背景浓度、水功能目标取值影响相邻计算河段的纳污能力,也可以说从最不利的角度出发,确定 C_s、C_0 均取为水资源用途功能对水质的承受上限。

4.4.4.5 排污控制区水质目标的确定

按照"黄河流域(片)水功能区划"的有关规定,排污控制区没有既定水质目标,但是这不等于说排污控制区可以任意地排污。首先,过渡区设置的目的就是要使上游排污控制区下泄的污染物能够在过渡区内自净降解,使过渡区下泄的污染物浓度满足下一功能区的要求。实际上,由于过渡区长度、水体稀释和自净能力十分有限,不可能随排污控制区来多少污染物过渡区就能承受多少,况且就现实而言,黄河过渡区现状还接纳有相当数量的污染物,因此对排污控制区排污水平应有一定的限制。其次,黄河作为一条我国最重要的河流之一,它不仅承担有"水功能"的使用要求,而且作为黄河生态系统的重要组成部分,黄河的生态功能也不能忽视,因此从这个角度来讲,黄河排污控制区也应该有一个最低的水质标准,至少应能达到一般景观用水Ⅴ类标准的要求,至少能够满足一般鱼类生存用水(河道中的水流是连续的,起码应该是一般鱼类通过该河段时不会致死)的要求,否则就不能称之为河流,而是"排污沟"了。

实质上,排污控制区和过渡区的纳污能力是一个"环境资源分配"的问题,应该依据排污控制区和过渡区设置的目的、污染负荷量、污染防治的潜力等,以及不同规划水平年的要求等综合确定。实际在确定排污控制区水质目标时,为保护过渡区及过渡区相邻水功能区水质,可以根据过渡区现状排污水平达到国家有关环保、产业政策,以及规划年要求的情况下,利用过渡区水质目标和选定的数学水质模型,反算排污控制区出水水质最大控制浓度,当然也要满足黄河最低的生态需求。排污控制区水质目标推算思路见图 4-5。

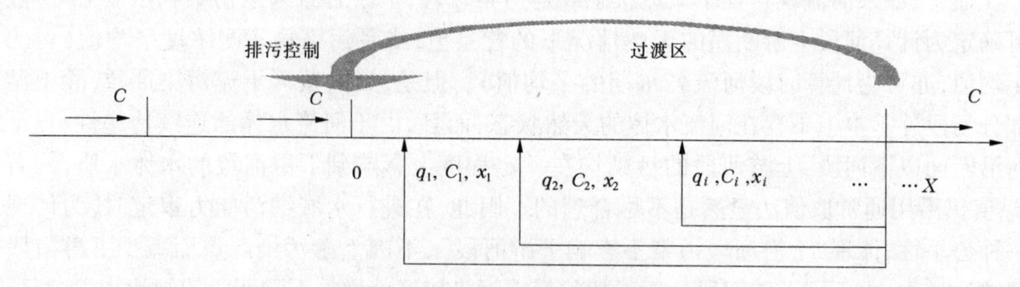

图 4-5　排污控制区水质目标推算示例

4.4.4.6　流速

计算单元内的河流流速，是通过统计实测流量、流速资料，建立流量—流速关系曲线，根据该河段的设计流量确定的相应流速。流量—流速关系式为：

$$u = aQ^b \tag{4-16}$$

式中　u——断面平均流速，m/s；

Q——流量值，m^3/s；

a、b——待定系数。

由于包头、花园口河段均属于平原性河道，河床边界条件随机变动较快，其流速随流量波动较大、规律性较差，经两河段大量的流量—流速关系数据统计也证实了这一点。由于在纳污能力计算中流速对计算结果的影响较大，因此在确定流速时应注意使用条件的匹配。

经过统计、计算并结合各计算河段实际情况，确定各计算单元不同水期的流速范围见表 4-25。

表 4-25　包头与花园口河段各水期流速范围一览表　（单位：m/s）

设计流速	包头河段	花园口河段
丰水高温期	0.54～0.60	0.80～1.10
枯水低温期	0.53～0.60	0.60～1.82
枯水农灌期	0.54～0.59	0.88～1.16
最枯月	0.22～0.32	0.55～0.65
最枯月（环境水量）	0.40～0.50	0.65～0.73

4.4.4.7　水深

对于有取水口的计算单元来说，由于采用二维模型计算，因此需要确定该计算单元的河流水深。河流的水深受流量、流速、河道边界条件等因素影响较大，水深同流速的确定方法相近，也是通过统计大量的实测资料，绘制出关系曲线，根据设计条件，由关系曲线求出相应河段的水深。这两河段大量的流量—水深统计数据表明，流量—水深关系同流量—流速关系类似，规律性也不是特别好，因此确定相关流量下的水深时也应注意，应对比多年资料进行确定。经过统计、计算,并结合计算河段实际情况,确定各计算单元不同水期的水深范围见表4-26。

表4-26 包头、花园口河段各水期水深范围一览表 (单位:m)

设计水深	包头河段	花园口河段
丰水高温期	2.26~2.56	1.50
枯水低温期	2.61~2.62	2.38
枯水农灌期	2.11~2.20	1.52
最枯月	0.55~0.60	1.20
最枯月(环境水量)	1.45~1.53	1.63

4.4.4.8 横向扩散系数

污染物入河后,在水流的作用下向各个方向扩散,其中横向扩散系数反映了污染物在水体中横向扩散速度的快慢。河流的横向扩散系数受河流的自然特征影响,与河流的水深、河道的弯曲性、河岸的规则程度及水流的摆动幅度密切相关。一般来说河道弯曲系数越大,越利于污染物的混合,横向扩散系数也越大;河道越不规则,如河道两岸有丁坝、垛坝等河道整治建筑物,污染物混合越快,横向扩散系数也越大。

一般通常用Fischer公式对横向扩散系数进行估算:

$$E_y = \alpha_y h u_* \tag{4-17}$$

在实际应用中

$$\alpha_y = 0.6 \pm 50\%$$

通过对国内外的资料分析可做出如下归纳:

(1)在顺直均匀明渠中,无量纲横向混合系数 α_y 一般在0.1~0.2范围;

(2)河道的弯曲性和规则形式的横向混合系数增大,天然河流中的 α_y 值很少小于0.4;

(3)在河流弯曲较缓、边壁不规则程度适中的天然河流中,α_y 一般在0.4~0.8范围;

(4)深窄而边壁粗糙的河段的 α_y 值比宽浅而边壁光滑的河段的 α_y 值大,即对一般河流上游而言,上游段的 α_y 值比下游段的 α_y 值大。

分析国内外的有关资料(见表4-27),并结合包头和花园口河段的水沙特性、河道游荡性、治河工程状况等自身的实际情况,以及个别河段所做试验的研究成果,综合分析确定计算河段的横向扩散系数,取值范围在0.5~0.6 m^2/s,其中顺直河段较小,弯曲河段较大。

4.4.4.9 排污口、支流汇入流量

本次两河段的纳污能力计算均采用上游来水断面的设计流量,对于天然径流量较小的河流,特别是包头和花园口河段,其自然条件下来水量较小,旁侧入流量同河流上游来水量相比占有一定的比例。因此,在计算其下游河段的水体纳污能力时,应考虑旁侧入流的影响。

旁侧入流包括入河排污口、农灌退水口和入河支流的流量。不同水期条件下的入河排污口、农灌退水口和入河支流的具体情况见表4-28。

表 4-27　国内外部分河流横向扩散系数(E_y)

序号	E_y(m^2/s)	河　名	研究单位(人)
1	0.44	长江南京江心段	张书农 屠人俊
2	0.50	长江南京燕子矶段	南京市所
3	0.75	长江汉阳段	长江水保局
4	0.70	长江黄石段	黄石市所
5	0.60	长江安庆段	安庆市局
6	0.50	铜陵段	铜陵市局
7	0.69	沱江红岩子—想龙庙	张永良
8	0.52	Potomac 河	Jockman Yotaukura
9	0.66	Mackenzie 河	Mackay
10	0.43	Athabasca 河	Beltaos
11	0.65	Dickerson 电站下游	Jockman Yotaukura
12	0.5	Missour 河	Yotsukura 及 Cobb
13	0.41	Athabasca 河	Beltaos
14	0.61	Bow 河	Beltaos

表 4-28　排污口、农灌退水口、支流口一览表　　(单位:m^3/s)

河段	水期	排污口		支流		农灌退水	流量合计
		排污口个数	排污口流量	支流条数	支流流量	乌梁素海退水渠	
包头河段	丰水高温期	7	1.6	2	2.6	0.35	4.55
	枯水农灌期	7	1.6	1	3.1	14.00	18.7
	枯水低温期	7	1.6	1	2.1	8.00	11.7
花园口河段	丰水高温期	8	1.6	9	90.6	—	92.2
	枯水农灌期	8	1.6	11	42.2	—	43.8
	枯水低温期	8	1.6	9	66.9	—	68.5
合计	丰水高温期	15	3.2	11	93.2	0.35	96.75
	枯水农灌期	15	3.2	12	45.3	14.00	62.50
	枯水低温期	15	3.2	10	69.0	8.00	80.2

另外,在考虑旁侧入流量的同时,也应考虑取水的影响,对河段内取水口资料也应加以相关分析,做到河段内水量基本平衡。

4.4.5 计算结果

4.4.5.1 **计算方案**

本次采用不同的设计流量和不同的计算模型对纳污能力进行计算。

(1)采用的流量。一般河段:①采用90%保证率最枯月平均流量,考虑环境水量和大型水利工程的调度作用;②采用90%保证率最枯月平均流量;③采用90%保证率丰水期平均流量;④采用90%保证率平水期平均流量;⑤采用90%保证率枯水期流量。

具有饮用水功能的河段,采用95%保证率下相应设计条件下流量。

污染源资料采用相同时期的污染源资料,①、②污染源资料采用枯水期污染源资料。

(2)采用的计算模型:一种是采用均匀分布模型,另一种是采用排污口概化模型和二维模型。

其他参数采用相应设计条件下的数值。

4.4.5.2 **计算结果**

采用均匀分布模型纳污能力计算结果见表4-29。

采用排污口概化模型和二维模型纳污能力计算结果见表4-30。

4.4.6 小结

(1)水环境容量由稀释容量和自净容量两部分组成,分别反映污染物在环境中迁移转化的物理稀释与自然净化过程的作用。根据容许纳污量或纳污能力的定义可知,其是在一定条件下的河段水体所能承纳的最大污染物量,这里的"条件"包括:设计条件和设计条件下河道的天然属性,水力学特性以及河道中实际的取、排水状况等。因此,纳污能力反映出来的是与相应客观状况下的河道容纳污染物的能力,其是有条件的。而均匀排放模型认为的纳污能力是均匀分布于河道水体内,其是在假定的河道特性完全一致且不考虑取、排水情况下才成立的。对于像黄河这样比较典型的北方缺水性、季节性明显的河流,尤其是这两个河段,不考虑旁侧入流和取水的影响是不够实际的。因此,本研究采用结合黄河特征的一维和二维模型,按设计条件进行纳污能力计算,并以此计算结果对两河段进行总量控制工作。

(2)在包头、花园口河段的纳污能力计算中,结合两河段的实际情况,考虑两河段黄河水资源保护管理工作的需要和对城镇集中式饮用水水源地的优先保护,从研究、探讨的角度,纳污能力计算给定不同的设计流量条件,如不同水期、不利条件和低限环境生态需水量等,对设计条件下各计算参数的率定方法进行了探讨,进而计算出不同设计条件下包头和花园口河段的纳污能力。

(3)在确定包头和花园口河段不同设计条件下的纳污能力时,综合降解系数(K值)的确定成为其中较为重要的一步。本研究主要参考国内外相关资料,结合包头、花园口河段和黄河干流有关河段的实测资料,对K值进行反推,并经资料类比和依据主要影响因素水温等进行修正,最终确定包头和花园口河段在不同水期COD_{Cr}和氨氮的综合降解系数。

(4)由计算结果可知:在丰水高温期、枯水低温期、枯水农灌期、最枯月和河道低限环境生态需水量等多种设计条件下,以丰水高温期纳污能力最大,枯水低温期次之,枯水农

表 4-29　包头河段、花园口河段纳污能力计算结果一览表(一)

(单位:kg/d)

河段	二级功能区名称	最枯月(考虑环境水量)		最枯月		丰水高温期		枯水低温期		枯水农灌期	
		COD	NH_3-N	COD	NH_3-N	COD	NH_3-N	COD	NH_3-N	COD	NH_3-N
包头河段	乌拉特前旗排污控制区	31 181	1 099	24 168	855	81 308	2 874	63 105	2 222	50 910	1 791
	乌拉特前旗过渡区	13 363	471	10 358	366	34 846	1 232	27 045	952	21 818	768
	乌拉特前旗农业用水区	54 180	1 987	43 624	1 600	139 429	5 112	109 893	4 029	88 984	3 263
	包头昭君坟饮用工业用水区	10 463	302	7 638	221	20 193	583	16 036	463	14 393	416
	包头昆都仑排污控制区	22 688	605	16 730	446	51 739	1 380	34 167	911	33 023	881
	包头昆都仑过渡区	17 250	460	12 720	339	39 339	1 049	25 978	693	25 108	670
	包头东河饮用工业用水区	58 500	1 463	42 705	1 068	112 905	2 823	89 665	2 242	80 479	2 012
	土默特右旗农业用水区	50 895	1 866	44 957	1 648	193 443	7 093	127 743	4 684	123 468	4 527
	包头河段合计	258 520	8 253	202 900	6 543	673 202	22 146	493 632	16 196	438 183	14 328
花园口河段	焦作饮用农业用水区	108 138	3 244	77 106	2 313	227 652	6 830	124 921	3 748	143 748	4 312
	郑州新乡饮用工业用水区	135 616	4 068	91 892	2 757	231 803	6 954	133 621	4 009	158 910	4 767
	花园口河段合计	243 754	7 312	168 998	5 070	459 455	13 784	258 542	7 757	302 658	9 079
两河段合计		502 274	15 565	371 898	11 613	1 132 657	35 930	752 174	23 953	740 841	23 407

表 4-30　包头河段、花园口河段纳污能力计算结果一览表(二)

(单位:kg/d)

河段	二级功能区名称	最枯月(考虑环境水量)		最枯月		丰水高温期		枯水低温期		枯水农灌期	
		COD	NH_3-N	COD	NH_3-N	COD	NH_3-N	COD	NH_3-N	COD	NH_3-N
包头河段	乌拉特前旗排污控制区	40 099	1 398	34 122	955	83 342	2 503	78 424	2 817	59 793	2 280
	乌拉特前旗过渡区	17 185	599	14 624	409	35 718	1 073	33 610	1 207	25 626	977
	乌拉特前旗农业用水区	48 892	1 775	36 628	1 321	132 863	4 845	99 737	3 622	81 548	2 965
	包头昭君坟饮用工业用水区	2 654	77	1 401	40	5 059	146	3 862	112	3 226	93
		1 346	39	981	28	2 598	75	2 065	60	1 854	54
	包头昆都仑排污控制区	25 358	695	19 438	538	54 225	1 466	38 044	1 042	35 652	970
	包头昆都仑过渡区	6 714	228	0	0	13 760	468	9 640	327	7 976	270
	包头东河饮用工业用水区	33 899	852	17 858	446	68 479	1 719	51 542	1 298	43 036	1 084
		16 395	408	12 246	303	31 645	786	24 908	621	22 358	557
	土默特右旗农业用水区	44 778	1 621	36 897	1 327	164 978	5 957	141 282	5 219	109 642	3 974
	包头河段合计	237 320	7 692	174 195	5 367	592 667	19 038	483 114	16 325	390 711	13 224
花园口河段	焦作饮用农业用水区	170 884	5 561	141 980	4 688	254 347	8 423	152 414	5 198	205 436	6 575
	郑州新乡饮用工业用水区	37 590	1 112	29 343	868	40 763	1 220	29 619	869	27 765	822
		11 531	346	9 012	271	13 015	390	9 202	275	8 484	255
		51 061	1 489	34 307	1 001	87 303	2 545	50 691	1 476	61 382	1 784
	花园口河段合计	271 066	8 508	214 642	6 828	395 428	12 578	241 926	7 818	303 067	9 436
两河段合计		508 386	16 200	388 837	12 195	988 095	31 616	725 040	24 143	693 778	22 660

灌期居三,低限环境生态需水量列第四,以最枯月最不利条件计算出来的河段纳污能力为最小。可以发现,水量在水体承载污染物方面起了决定性的作用,在入河污染物一定的情况下,径流量大则其纳污容量就大,污染程度就轻;反之,径流量小,则纳污容量小,污染就比较严重。另外,水温在纳污能力中也起到了一定的作用,水温高,则污染物降解速度快,在相近水动力和河道边界条件下,水体纳污容量就大;水温低,则污染物降解慢,相应水体纳污容量降低。

4.5 入河污染物总量控制方案研究

从纳污总量和水质评价上看,包头和花园口两河段水体污染严重,现状污染物入河量已明显超过两河段水环境的承载能力。随着区域经济增长和人口增加,进入两河段的污染物量呈增加趋势,仅以污染物浓度控制的措施,已不能满足水资源保护管理工作的要求。为实现包头和花园口河段功能区水质目标,有必要进一步实施入河污染物总量控制。

在两河段功能区纳污能力计算的基础上,确定两河段各功能区水质控制目标,依据国家的法律法规,并充分考虑区域水污染现状、社会经济发展等因素,进而制定入河污染物总量控制方案。

4.5.1 水污染物总量控制方法概述

我国的水污染物总量控制研究工作从20世纪70年代中期开始,概念来自日本的"闭合水域总量归制",而技术方法引自美国的水规划理论。20多年来,在水资源保护工作者大量的实践基础上,经过不断的探索和研究,水污染物总量控制有了较大的发展,人们对总量控制的认识和理解也不断提高,现在国内总量控制已形成首先按达标排放控制排污总量,再按水质目标规定允许排污总量的基本模式。

水污染物总量控制,是将排入某一特定区域环境的污染物量控制或削减到某一要求的水平之下,以限制排污单位的污染物排放总量,达到该区域的环境目标。与以往的浓度控制相比,总量控制具有可以有效防止污染源稀释排放,从总体上将水体中的污染物控制在一定限度之内,并且通过容量分配,可以避免区域因新增污染源而对水体造成污染等优点。

总量控制的真正意义是环境容量的分配、资源的分配,其技术关键是污染源与环境目标之间的输入响应定量关系。污染源与环境目标之间的关系如图4-6所示。

污染物总量控制一般分为目标总量控制和容量总量控制。目标总量控制是依据一个既定的环境目标,以限定排污单位污染物排放总量,它一般适用于排污负荷较大,水质较差,而限于技术经济条件的制约近期内又达不到规定水质功能目标的水污染控制区域;容量总量控制是从水体的水质目标出发推算出水体的环境容量,再分配到污染源,对污染物加以定量的控制,它一般适用于确定总量控制的最终目标,对于水质差、污染源治理的技术经济条件较强、管理水平较高的控制区域,容量总量控制法可直接作为实现可行的总量控制技术路线加以推行。

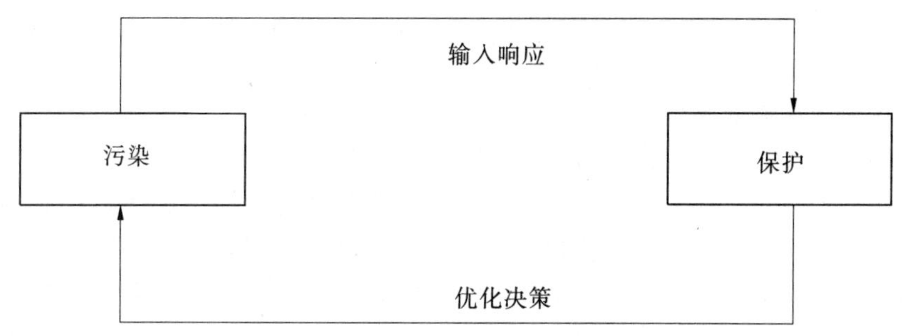

图 4-6 污染源与环境目标之间的关系

4.5.2 两河段水质控制目标

水质控制目标是指在研究时空范围内,在一定的经济、技术条件下,对水环境质量所期望达到的目标要求。因此,依据两河段社会经济发展状况、水污染现状和水功能需求,并根据两河段水功能区划结果,确定两河段水质目标,具体情况见表 4-31。

表 4-31 两河段各功能区水质目标

序号	一级功能区名称	二级功能区名称	水质目标
1	内蒙古开发利用区	乌拉特前旗排污控制区	
2		乌拉特前旗过渡区	Ⅲ
3		乌拉特前旗农业用水区	Ⅲ
4		包头昭君坟饮用工业用水区	Ⅲ
5		包头昆都仑排污控制区	
6		包头昆都仑过渡区	Ⅲ
7		包头东河饮用工业用水区	Ⅲ
8		土默特右旗农业用水区	Ⅲ
9	河南开发利用区	焦作饮用农业用水区	Ⅲ
10		郑州新乡饮用工业用水区	Ⅲ

4.5.3 两河段纳污能力

依据两河段各功能区的水质目标,选取不同的水质模型,在多种设计条件下,分别计算出各功能区在不同情况下的纳污能力。两河段各功能区纳污能力见表 4-29、表 4-30。

4.5.4 入河污染物总量控制的原则和思路

总量控制方法的确定不仅要以国家的环保政策、法律法规为基础,还要结合区域社会经济发展,水资源开发利用情况,并且便于实施,可操作性强。在研究确定本次总量控制方案时,主要考虑了以下几个方面。

4.5.4.1 污染源控制原则

包头和花园口河段污染源的控制原则主要依据国家产业政策和环保法规的要求。自20世纪80年代以来,我国政府相继颁布了一系列有利于环境保护和污染控制的产业政策、环保法规。其中与工业企业关系极为密切的有:取缔和限制“十五小”、土工业发展的政策,国家污水排放标准和排污收费政策,生活饮用水水源保护区限制污染排放规定等。这些法律法规有效地控制了污染源的排污。特别是国务院于1996年8月3日颁布实施的《国务院关于环境保护若干问题的决定》(国发[1996]31号)中明确提出:“到2000年,全国所有工业污染源达到国家或地方规定的标准;直辖市及省会城市、经济特区城市、沿海开放城市和重点旅游城市的环境空气及地面水环境,按功能区分别达到国家规定的有关质量标准”(即“双达标”)。这些法规和政策对环境保护起到了重要的作用,也是工业企业建设和发展必须遵守的基本规则。

依据以上国家的环保政策和法规,本次研究对两河段各污染源采取的控制原则是:各污染源排放的废污水和污染物必须按国家要求的时限,实现达标排放。

4.5.4.2 入河支流控制原则

两河段入河支流的控制原则主要依据地方政府环境目标管理和支流水功能区划的要求。我国在“七五”、“八五”、“九五”期间,都曾制定了国家级和地方级的环境保护目标及其相应的对策和措施。这些目标的制定和对策措施的实施,为我国经济社会高速发展情况下,遏制污染危害、改善生态环境起到了十分关键的作用。近年来,我国政府又相继制定了“中国21世纪议程——人口资源环境白皮书”、“中国生物多样性保护计划”和环境保护规划等。地方人民政府也相继开展了水环境功能、目标区划和水资源保护、水污染防治规划,以及环境保护“十五”计划和到2010年规划等。并且,这些地方性水环境保护规划和功能区划、水质保护目标等,很多已经通过了人大的批准,并且正在实施。另外,《黄河流域(片)水功能区划报告》中,针对黄河较大支流的入黄口亦提出了水质目标要求。

综上所述,本次研究依据上述规定,对两河段的入河支流采取的控制原则是:支流的入黄水质必须达到该支流的水功能区要求;若支流没有明确水功能区要求,其入黄水质最低应达到地面水Ⅴ类标准,若现状水质已优于Ⅴ类水质时,入黄水质则按现状水质控制。两河段入黄支流水质控制要求见表4-32。

4.5.4.3 目标控制量的提出

在两河段污染源废污水达标排放,入黄支流水质达到其水功能区要求的基础上,以现状污染源排放的废污水量和入黄支流水量为依据,可以计算出在满足污染源达标和入黄支流达到其水质要求的条件下,两河段各功能区的纳污量,这个量即为各功能区目标控制量。

功能区目标控制量是功能区内污染源和入河支流在现有水量的条件下,各自达到其水质要求时功能区的纳污量,也就是以入河污染物满足其水质目标为基础,以现有入河水量为条件的污染物入河量。在污染源和入河支流水质确定条件下,其功能区的目标控制量也是一定的。

表 4-32　两河段入黄支流水质控制要求

河段名称	功能区名称	支流口名称	入黄口水质类别	备注
包头河段	包头昆都仑排污控制区	昆都仑河	Ⅴ	无规划水质目标
	土默特右旗农业用水区	五当沟	Ⅳ	无规划水质目标，按现状水质要求
花园口河段	焦作饮用农业用水区	小清河	Ⅳ	无规划水质目标，按现状水质要求
	焦作饮用农业用水区	槐树庄河	Ⅴ	无规划水质目标
	焦作饮用农业用水区	大沟河	Ⅴ	无规划水质目标
	焦作饮用农业用水区	涧河	Ⅲ	
	焦作饮用农业用水区	洛河	Ⅳ	
	郑州新乡饮用工业用水区	汜水河	Ⅴ	
	郑州新乡饮用工业用水区	新蟒河	Ⅴ	
	郑州新乡饮用工业用水区	老蟒河	Ⅴ	无规划水质目标
	郑州新乡饮用工业用水区	沁河	Ⅳ	
	郑州新乡饮用工业用水区	枯水河	Ⅴ	无规划水质目标

因此，依据目标控制量的含义，在本次总量控制的研究中，入河污染物量应满足河段各功能区的目标控制量。这样做的根本意义在于，满足目标控制量也就是实现了河段污染源达标排放，入河支流达到功能水质目标，这样就切实保证了污染源和支流水质的控制原则的实现。两河段各功能区所计算的目标控制量见表 4-33。

4.5.4.4　满足河段纳污能力的原则

水污染物总量控制的根本目的就是通过对入河污染物量的有效控制，使控制河段水质明显好转，达到其既定水质目标。因此，允许入河污染物的量均以满足其河段实现水质目标为依据。

两河段各功能区的纳污能力均是以实现该功能区水质目标为基础计算出来的，是在实现其水质目标下的功能区最大允许纳污量。也就是说，两河段各功能区污染物入河量若不超过其纳污能力，那么功能区就能实现其水质目标，若反之，则不能实现其水质目标。

因此，本次总量控制必须以河段各功能区污染物入河量满足其纳污能力为原则。

4.5.4.5　总量控制的方法和思路

本次水污染物总量控制方法和思路是依据上述原则来确定的，也就是说两河段各功能区入河污染物的控制量，不仅要满足污染源达标排放和支流入河水质达到其水质要求，同时入河污染物控制量还要满足其功能区纳污能力的要求，即实行的是在目标控制量下

表 4-33　包头河段、花园口河段设计条件下总量控制一览表

（单位:kg/d）

水期	河段名称	二级功能区名称	水质目标	COD					氨氮				
				纳污能力	污染物现状入河量	目标控制量	污染物总量控制量	削减量	纳污能力	污染物现状入河量	目标控制量	污染物总量控制量	削减量
丰水高温期	包头河段	乌拉特前旗非排污控制区		83 342	104 077	5 444	5 444	98 633	2 503	1 339	495	495	844
		乌拉特前旗过渡区	Ⅲ类	35 718	0	0	0	0	1 073	0	0	0	0
		乌拉特前旗农业用水区	Ⅲ类	132 863	2 602	1 095	1 095	1 507	4 845	37	37	37	0
		包头昭君坟饮用工业用水区	Ⅲ类	5 059	1 743	1 743	1 743	0	146	15	15	15	0
			Ⅲ类	2 598	0	0	0	0	75	0	0	0	0
		包头昆都仑排污控制区		54 225	46 560	4 600	4 600	41 960	1 466	2 963	276	276	2 687
		包头昆都仑过渡区	Ⅲ类	13 760	4 383	3 982	3 982	401	468	1 410	274	274	1 136
		包头东河饮用工业用水区	Ⅲ类	68 479	9 197	2 590	2 590	6 607	1 719	1 327	389	389	939
			Ⅲ类	31 645	30 166	577	577	29 589	786	291	87	87	204
		土默特右旗农业用水区	Ⅲ类	164 978	0	0	0	0	5 957	0	0	0	0
		包头河段合计		592 667	198 728	20 031	20 031	178 697	19 038	7 382	1 573	1 573	5 810
	花园口河段	焦作饮用农业用水区	Ⅲ类	254 347	106 111	61 264	61 264	44 848	8 423	8 864	3 646	3 646	5 218
		郑州新乡饮用工业用水区	Ⅲ类	40 763	317 972	24 408	24 408	293 565	1 220	17 940	1 464	1 220	16 720
			Ⅲ类	13 015	328 667	83 094	13 015	315 653	390	749	749	390	359
			Ⅲ类	87 303	0	0	0	0	2 545	0	0	0	0
		花园口河段合计		395 428	752 750	168 766	98 687	654 066	12 578	27 553	5 859	5 256	22 297
	两河段合计			988 095	951 478	188 797	118 718	832 763	31 616	34 935	7 432	6 829	28 107

续表 4-33

水期	河段名称	二级功能区名称	水质目标	COD					氨氮				
				纳污能力	污染物现状入河量	目标控制量	污染物总量控制量	削减量	纳污能力	污染物现状入河量	目标控制量	污染物总量控制量	削减量
枯水低温期	包头河段	乌拉特前旗非排污控制区		78 424	300 577	123 380	78 424	222 153	2 817	53 651	18 507	2 817	50 834
		乌拉特前旗过渡区	Ⅲ类	33 610	0	0	0	0	1 207	0	0	0	0
		乌拉特前旗农业用水区	Ⅲ类	99 737	0	0	0	0	3 622	0	0	0	0
		包头昭君坟饮用工业用水区	Ⅲ类	3 862	1 743	1 743	1 743	0	112	15	15	15	0
			Ⅲ类	2 065	0	0	0	0	60	0	0	0	0
		包头昆都仑排污控制区		38 044	61 927	6 588	6 588	55 340	1 042	5 824	395	395	5 429
		包头昆都仑过渡区	Ⅲ类	9 640	4 383	3 982	3 982	401	327	1 410	274	274	1 136
		包头东河饮用工业用水区	Ⅲ类	51 542	9 197	2 590	2 590	6 607	1 298	1 327	389	389	939
			Ⅲ类	24 908	30 166	577	577	29 589	621	291	87	87	204
		土默特右旗农业用水区	Ⅲ类	141 282	2 871	2 871	2 871	0	5 219	9	9	9	0
		包头河段合计		483 114	410 864	141 731	96 775	314 090	16 325	62 527	19 676	3 986	58 542
	花园口河段	焦作饮用农业用水区	Ⅲ类	152 414	97 463	50 073	50 073	47 391	5 198	6 388	1 224	1 224	5 164
		郑州新乡饮用工业用水区	Ⅲ类	29 619	203 818	24 193	24 193	179 626	869	17 237	1 452	869	16 368
			Ⅲ类	9 202	15 779	8 275	8 275	7 504	275	279	279	275	4
			Ⅲ类	50 691	0	0	0	0	1 476	0	0	0	0
		花园口河段合计		241 926	317 060	82 541	82 541	234 521	7 818	23 904	2 955	2 368	21 536
	两河段合计			725 040	727 924	224 272	179 316	548 611	24 143	86 431	22 631	6 354	80 078

续表 4-33

水期	河段名称	二级功能区名称	水质目标	COD					氨氮				
				纳污能力	污染物现状入河量	目标控制量	污染物总量控制量	削减量	纳污能力	污染物现状入河量	目标控制量	污染物总量控制量	削减量
枯水农灌期	包头河段	乌拉特前旗非排污控制区		59 793	209 684	71 540	59 793	149 891	2 280	109 449	10 731	2 280	107 169
		乌拉特前旗过渡区	Ⅲ类	25 626	0	0	0	0	977	0	0	0	0
		乌拉特前旗农业用水区	Ⅲ类	81 548	0	0	0	0	2 965	0	0	0	0
		包头昭君坟饮用工业用水区	Ⅲ类	3 226	1 743	1 743	1 743	0	93	15	15	15	0
			Ⅲ类	1 854	0	0	0	0	54	0	0	0	0
		包头昆都仑排污控制区		35 652	37 190	4 558	4 558	32 633	970	3 045	273	273	2 771
		包头昆都仑过渡区	Ⅲ类	7 976	4 383	3 982	3 982	401	270	1 410	274	270	1 140
		包头东河饮用工业用水区	Ⅲ类	43 036	9 197	2 590	2 590	6 607	1 084	1 327	389	389	939
			Ⅲ类	22 358	30 166	577	577	29 589	557	291	87	87	204
		土默特右旗农业用水区	Ⅲ类	109 642	0	0	0	0	3 974	0	0	0	0
		包头河段合计		390 711	292 363	84 990	73 243	219 121	13 224	115 537	11 769	3 314	112 223
	花园口河段	焦作饮用农业用水区	Ⅲ类	205 436	139 550	94 042	94 042	45 508	6 575	14 253	5 287	5 287	8 966
		郑州新乡饮用工业用水区	Ⅲ类	27 765	146 437	17 495	17 495	128 942	822	10 444	1 050	822	9 622
			Ⅲ类	8 484	48 050	14 887	8 484	39 565	255	855	726	255	600
			Ⅲ类	61 382	0	0	0	0	1 784	0	0	0	0
		花园口河段合计		303 067	334 037	126 424	120 021	214 015	9 436	25 552	7 063	6 364	19 188
	两河段合计			693 778	626 400	211 414	193 264	433 136	22 660	141 089	18 832	9 678	131 411

续表 4-33

水期	河段名称	二级功能区名称	水质目标	COD					氨氮				
				纳污能力	污染物现状入河量	目标控制量	污染物总量控制量	削减量	纳污能力	污染物现状入河量	目标控制量	污染物总量控制量	削减量
最枯月	包头河段	乌拉特前旗非排污控制区		34 122	209 684	71 540	34 122	175 562	955	109 449	10 731	955	108 495
		乌拉特前旗过渡区	Ⅲ类	14 624	0	0	0	0	409	0	0	0	0
		乌拉特前旗农业用水区	Ⅲ类	36 628	0	0	0	0	1 321	0	0	0	0
		包头昭君坟饮用工业用水区	Ⅲ类	1 401	1 743	1 743	1 401	342	40	15	15	15	0
			Ⅲ类	981	0	0	0	0	28	0	0	0	0
		包头昆都仑排污控制区		19 438	37 190	4 558	4 558	32 633	538	3 045	273	273	2 771
		包头昆都仑过渡区	Ⅲ类	0	4 383	3 982	0	4 383	0	1 410	274	0	1 410
		包头东河饮用工业用水区	Ⅲ类	17 858	9 197	2 590	2 590	6 607	446	1 327	389	389	939
			Ⅲ类	12 246	30 166	577	577	29 589	303	291	87	87	204
		土默特右旗农业用水区	Ⅲ类	36 897	0	0	0	0	1 327	0	0	0	0
		包头河段合计		174 195	292 363	84 990	43 248	249 116	5 367	115 537	11 769	1 719	113 819
	花园口河段	焦作饮用农业用水区	Ⅲ类	141 980	139 550	94 042	94 042	45 508	4 688	14 253	5 287	4 688	9 565
		郑州新乡饮用工业用水区	Ⅲ类	29 343	146 437	17 495	17 495	128 942	868	10 444	1 050	868	9 577
			Ⅲ类	9 012	48 050	14 887	9 012	39 038	271	855	726	271	584
			Ⅲ类	34 307	0	0	0	0	1 001	0	0	0	0
		花园口河段合计		214 642	334 037	126 424	120 549	213 488	6 828	25 552	7 063	5 827	19 726
	两河段合计			388 837	626 400	211 414	163 797	462 604	12 195	141 089	18 832	7 546	133 545

续表 4-33

水期	河段名称	二级功能区名称	水质目标	COD					氨氮				
				纳污能力	污染物现状入河量	目标控制量	污染物总量控制量	削减量	纳污能力	污染物现状入河量	目标控制量	污染物总量控制量	削减量
最枯月（考虑环境水量）	包头河段	乌拉特前旗非排污控制区		40 099	209 684	71 540	40 099	169 585	1 398	109 449	10 731	1 398	108 051
		乌拉特前旗过渡区	Ⅲ类	17 185	0	0	0	0	599	0	0	0	0
		乌拉特前旗农业用水区	Ⅲ类	48 892	0	0	0	0	1 775	0	0	0	0
		包头昭君坟饮用工业用水区	Ⅲ类	2 654	1 743	1 743	1 743	0	77	15	15	15	0
			Ⅲ类	1 346	0	0	0	0	39	0	0	0	0
		包头昆都仑排污控制区		25 358	37 190	4 558	4 558	32 633	695	3 045	273	273	2 771
		包头昆都仑过渡区	Ⅲ类	6 714	4 383	3 982	3 982	401	228	1 410	274	228	1 182
		包头东河饮用工业用水区	Ⅲ类	33 899	9 197	2 590	2 590	6 607	852	1 327	389	389	939
			Ⅲ类	16 395	30 166	577	577	29 589	408	291	87	87	204
		土默特右旗农业用水区	Ⅲ类	44 778	0	0	0	0	1 621	0	0	0	0
		包头河段合计		237 320	292 363	84 990	53 549	238 815	7 692	115 537	11 769	2 390	113 147
	花园口河段	焦作饮用农业用水区	Ⅲ类	170 884	139 550	94 042	94 042	45 508	5 561	14 253	5 287	5 287	8 966
		郑州新乡饮用工业用水区	Ⅲ类	37 590	146 437	17 495	17 495	128 942	1 112	10 444	1 050	1 050	9 395
			Ⅲ类	11 531	48 050	14 887	11 531	36 519	346	855	726	346	509
			Ⅲ类	51 061	0	0	0	0	1 489	0	0	0	0
		花园口河段合计		271 066	334 037	126 424	123 068	210 969	8 508	25 552	7 063	6 683	18 870
	两河段合计			508 386	626 400	211 414	176 617	449 784	16 200	141 089	18 832	9 073	132 017

的容量总量控制。

在上述原则的基础上,功能区入河控制量是对比目标控制量和纳污能力而得来的:

当功能区的目标控制量小于等于功能区的纳污能力时,其入河控制量就为该功能区的目标控制量;

当功能区的目标控制量大于功能区的纳污能力时,其入河控制量就为该功能区的纳污能力。

按照上述方法和思路确定的功能区入河控制量,不仅符合国家和地方的环保政策与法规,即污染源达标排放,支流入河口达到其水功能区要求,同时也能保证河段水质明显改善,达到其功能水质目标。所以采用这种方法进行总量控制是科学合理的,也是符合黄河包头和花园口河段的实际情况的。

对比两河段各功能区目标控制量和纳污能力,确定其入河控制量,并对现状污染物进行削减,具体结果详见表4-33;另外,污染物在达到目标情况下的削减率和最终总量控制削减率见表4-34。

1)分年度实现功能要求

目前包头和花园口河段水污染尚未得到遏制,情况不容乐观。特别是一些入黄支流,如包头河段的昆都仑河和花园口河段的新、老蟒河等,其入黄水体污染物浓度竟超过国家污水综合排放标准。如若按河段纳污能力进行一步到位的污染物控制和污染物削减,即使这些支流达到功能要求或V类水质,则无论是从区段社会经济承受能力,还是从区段经济发展来看,都是不怎么现实的,也是难以做到的。因此,需要根据周边区域的社会经济发展状况和经济承受能力,提出水功能区近期和远期的水质目标,并分析计算出各水平年的允许纳污量,分时段地进行污染物控制和削减,以逐步恢复两河段的水体功能和实现水功能区水质目标。

2)目标总量控制和目标控制量

关于目标控制量的概念上文已经解释,这里就不再重述。污染源与环境目标是总量控制的两个对象,目标总量控制的对象是环境目标,其是从控制区域容许排污量出发,制定排放口污染物的总量控制负荷;目标控制量的对象是污染源(包括入河排污口、入河支流口和入河农灌退水口);目标总量控制是一种总量控制的方法,而目标控制量只是在一定控制原则下的控制区域的入河污染物量,污染物最终是要符合受纳水域纳污能力要求的,即要满足环境容量总量控制的要求。因此,二者在本质上是有区别的。

在分水平年逐步实现水功能要求的过程中,同样存在目标控制量:对于排污口由于国家相关法律法规的规定,是要达到也必须达到有关污水排放标准的;对于支流则因为没有明确规定,因此可根据各支流所经地区实际情况,如经济发展状况、经济承受能力以及其他一些地方性政策,对支流提出各水平年的相关要求。

考虑到一些特殊情况,如城镇集中式饮用水水源地等对供水水质的要求,并结合排污口、支流口各水平年的目标控制情况,提出各控制河段各水平年的水质控制目标,并可以此计算出各水平年各河段的允许纳污量。这里的允许纳污量与目标总量控制在本质上是一致的,均是在一定河段水质目标下对河段污染物进行控制的指标,只是为了与目标控制量相区别而已。

表 4-34　各控制单元削减率一览表　（%）

水期	河段名称	二级功能区名称	水质目标	COD		氨氮	
				削减率 1	削减率 2	削减率 1	削减率 2
丰水期	包头河段	乌拉特前旗非排污控制区		94.8	94.8	63.1	63.1
		乌拉特前旗过渡区	Ⅲ类				
		乌拉特前旗农业用水区	Ⅲ类	57.9	57.9	0	0
		包头昭君坟饮用工业用水区	Ⅲ类	0	0	0	0
			Ⅲ类				
		包头昆都仑排污控制区		90.1	90.1	90.7	90.7
		包头昆都仑过渡区	Ⅲ类	9.2	9.2	80.6	80.6
		包头东河饮用工业用水区	Ⅲ类	71.8	71.8	70.7	70.7
			Ⅲ类	98.1	98.1	70.3	70.3
		土默特右旗农业用水区	Ⅲ类				
		包头河段合计		89.9	89.9	78.7	78.7
	花园口河段	焦作饮用农业用水区	Ⅲ类	42.3	42.3	58.9	58.9
		郑州新乡饮用工业用水区	Ⅲ类	92.3	92.3	91.8	93.2
			Ⅲ类	74.7	96.0	0	48.0
			Ⅲ类				
		花园口河段合计		77.6	86.9	78.7	80.9
	两河段合计			80.2	87.5	78.7	80.5
枯水低温期	包头河段	乌拉特前旗非排污控制区		59.0	73.9	65.5	94.8
		乌拉特前旗过渡区	Ⅲ类				
		乌拉特前旗农业用水区	Ⅲ类				
		包头昭君坟饮用工业用水区	Ⅲ类	0	0	0	0
			Ⅲ类				
		包头昆都仑排污控制区		89.4	89.4	93.2	93.2
		包头昆都仑过渡区	Ⅲ类	9.2	9.2	80.6	80.6
		包头东河饮用工业用水区	Ⅲ类	71.8	71.8	70.7	70.7
			Ⅲ类	98.1	98.1	70.3	70.3
		土默特右旗农业用水区	Ⅲ类	0	0	0	0
		包头河段合计		65.5	76.4	68.5	93.6
	花园口河段	焦作饮用农业用水区	Ⅲ类	48.6	48.6	80.8	80.8
		郑州新乡饮用工业用水区	Ⅲ类	88.1	88.1	91.6	95.0
			Ⅲ类	47.6	47.6	0	1.3
			Ⅲ类				
		花园口河段合计		74.0	74.0	87.6	90.1
	两河段合计			69.2	75.4	73.8	92.6

续表 4-34

水期	河段名称	二级功能区名称	水质目标	COD		氨氮	
				削减率 1	削减率 2	削减率 1	削减率 2
枯水农灌期	包头河段	乌拉特前旗非排污控制区		65.9	71.5	90.2	97.9
		乌拉特前旗过渡区	Ⅲ类				
		乌拉特前旗农业用水区	Ⅲ类				
		包头昭君坟饮用工业用水区	Ⅲ类	0	0	0	0
			Ⅲ类				
		包头昆都仑排污控制区		87.7	87.7	91.0	91.0
		包头昆都仑过渡区	Ⅲ类	9.2	9.2	80.6	80.6
		包头东河饮用工业用水区	Ⅲ类	71.8	71.8	70.7	70.7
			Ⅲ类	98.1	98.1	70.3	70.3
		土默特右旗农业用水区	Ⅲ类				
		包头河段合计		70.9	74.9	89.8	97.1
	花园口河段	焦作饮用农业用水区	Ⅲ类	32.6	32.6	62.9	62.9
		郑州新乡饮用工业用水区	Ⅲ类	88.1	88.1	89.9	92.1
			Ⅲ类	69.0	82.3	15.2	70.2
			Ⅲ类				
		花园口河段合计		62.2	64.1	72.4	75.1
	两河段合计			66.2	69.1	86.7	93.1
最枯月	包头河段	乌拉特前旗非排污控制区		65.9	83.7	90.2	99.1
		乌拉特前旗过渡区	Ⅲ类				
		乌拉特前旗农业用水区	Ⅲ类				
		包头昭君坟饮用工业用水区	Ⅲ类	0	19.6	0	0
			Ⅲ类				
		包头昆都仑排污控制区		87.7	87.7	91.0	91.0
		包头昆都仑过渡区	Ⅲ类	9.2	100.0	80.6	100.0
		包头东河饮用工业用水区	Ⅲ类	71.8	71.8	70.7	70.7
			Ⅲ类	98.1	98.1	70.3	70.3
		土默特右旗农业用水区	Ⅲ类				
		包头河段合计		70.9	85.2	89.8	98.5
	花园口河段	焦作饮用农业用水区	Ⅲ类	32.6	32.6	62.9	67.1
		郑州新乡饮用工业用水区	Ⅲ类	88.1	88.1	89.9	91.7
			Ⅲ类	69.0	81.2	15.2	68.3
			Ⅲ类				
		花园口河段合计		62.2	63.9	72.4	77.2
	两河段合计			66.2	73.9	86.7	94.7

续表 4-34

水期	河段名称	二级功能区名称	水质目标	COD		氨氮	
				削减率 1	削减率 2	削减率 1	削减率 2
最枯月（考虑环境水量）	包头河段	乌拉特前旗非排污控制区		65.9	80.9	90.2	98.7
		乌拉特前旗过渡区	Ⅲ类				
		乌拉特前旗农业用水区	Ⅲ类				
		包头昭君坟饮用工业用水区	Ⅲ类	0	0	0	0
			Ⅲ类				
		包头昆都仑排污控制区		87.7	87.7	91.0	91.0
		包头昆都仑过渡区	Ⅲ类	9.2	9.2	80.6	83.8
		包头东河饮用工业用水区	Ⅲ类	71.8	71.8	70.7	70.7
			Ⅲ类	98.1	98.1	70.3	70.3
		土默特右旗农业用水区	Ⅲ类				
		包头河段合计		70.9	81.7	89.8	97.9
	花园口河段	焦作饮用农业用水区	Ⅲ类	32.6	32.6	62.9	62.9
		郑州新乡饮用工业用水区	Ⅲ类	88.1	88.1	89.9	89.9
			Ⅲ类	69.0	76.0	15.2	59.5
			Ⅲ类				
		花园口河段合计		62.2	63.2	72.4	73.8
	两河段合计			66.2	71.8	86.7	93.6

注：削减率 1 为在达到目标情况下的削减率，削减率 2 为污染物最终总量。

3）总量控制的系统衔接问题

在分水平年逐步恢复控制河段水功能的情况下，就牵扯到一个问题，由于河段水体是上下传递的，即所谓的水流连续性，下游水质无疑要受到上游来水的影响。此次研究的包头河段，地处宁、蒙灌区的末端，其河段水质在很大程度上受到上游来水的影响，若上游来水背景浓度（C_0 值）劣于Ⅲ类水标准，即使本河段污染源和入河支流水质达到有关控制要求，则很可能本河段水质仍然达不到功能要求；同样，花园口河段也存在类似问题，只不过花园口河段的水质与小浪底水库的调控作用关系更加密切而已。

对于两河段的入河支流和排污口也有个衔接问题。目前包头和花园口河段入河支流水质较差，一般均处于劣Ⅴ类状态，要想使其一步达到入黄水质要求是不现实的，因此也需要分年度来实现。对于这些入黄支流，同干流一样，如若做总量控制工作也涉及同干流类似的问题。一些入河排污口，往往涉及诸多排污点源（工业、生活），如何追溯和衔接，也是总量控制中需要解决的问题。

由此可见，总量控制是一个大的系统工程，它需要上下游、左右岸、全河乃至全流域的统筹规划部署，其最终是要追溯到污染源，对污染源提出控制要求。如只在该两河段或局部范围内作总量控制工作,犹如空中楼阁,是满足不了黄河水资源保护工作要求的。本次包头和花园口河段总量控制研究,考虑到这些涉及上下游、左右岸及其他一些大的系统问题,仅只对规划实现水平年进行总量控制计算,从控制方案的角度,仅提出方法性问题,并给出一个基本控制框架,即界定了“零污染概念”,同时将污染物控制总量用在了排放口(支流口、入河排污口、入河农灌退水口),真正的实践还要做后续工作。

4.5.5 总量控制结果分析和小结

4.5.5.1 不同水期

由污染源调查和水质评价可知,现阶段包头和花园口河段污染较严重,排污口严重超标,支流入黄口水质不能满足功能区划的要求。由表4-33和表4-34可以看出,丰水高温期、枯水低温期和枯水农灌期包头和花园口河段入河排污口和支流口在目标控制的基础上,大部分计算单元的污染物入河量能够满足河段纳污容量的要求。因此,在污染源达标排放和支流入河水质达到功能要求的前提下,以环境总量控制方法是能够满足包头和花园口河段总量控制要求及周边区域对水资源的需求的。

4.5.5.2 环境水量对总量控制的影响

由于近年来黄河水资源的过度开发利用和诸多大型水利工程的调度作用,使黄河发生季节性的断流和水量减少,加之近些年来入黄污水和污染物量的持续增加,使许多原先水质尚好的河段已远远不能满足沿黄城镇对水资源的需求,包头、花园口河段基本属于此类河段。因此,考虑自然生态、水污染稀释自净、景观娱乐以及水沙平衡和河口海域对水资源的需求,即确定设计流量时,在一定保证率的情况下,即使考虑河道低限生态环境需水量,也能明显增加包头和花园口河段的径流量(从设计流量可以看出),同时也可增加两河段的污染稀释能力和容纳污染物的能力,有利于改善两河段的水质和生态环境。

4.5.5.3 其他问题

研究表明,在最枯月(不利条件)和其他水期设计流量条件下,个别河段在污染源达标排放、支流口水质达到功能区划目标要求时,入河污染物仍然不能满足纳污容量的限制,功能区的水质达不到目标要求,如新乡、郑州饮用水功能区的氨氮和COD_{Cr},与功能区水质达标要求的削减率还有一定的距离,这主要是新、老蟒河和沁河距离两市生活饮用取水口太近的缘故,对此拟采取调整排污口、支流口或取水口的位置加以解决。

包头河段中取水口、排污口相互交错,上游排污,下游接着引用,难以保证取水口的水质安全。为优先保护饮用水取水口水质,建议包头河段对取水口、排污口位置进行统一规划和调整。

综合考虑包头、花园口河段的污染物入河量,以及污染物削减情况,两河段入河排污口污染物入河量相对较少,反而入河支流、农灌退水输入河段的污染物在河段入河污染物总量中占有较大的份额,如包头河段的乌梁素海农灌退水口、昆都仑河,花园口河段的洛河、新老蟒河、汜水河、沁河、枯水河等,其污染物削减量大部分处在这些入黄支流口、农灌退水口上,因此支流水质好坏直接影响了这两个河段的水质。由此可见,加强对支流入黄水质的监管就显得特别重要。

另外,从表4-34及前述评价中可以看出,包头和花园口河段的不同水期氨氮入河量均较大，同时河段容纳氨氮的能力又相对 COD_{Cr} 要小，由此造成氨氮的削减量和削减率比较高。可见，氨氮是该两河段或者说是黄河干流污染比较突出的因子，需要引起足够重视。

4.5.5.4 总量控制方案

合理的总量控制方案对包头和花园口河段水资源保护工作和区域社会经济发展具有重要的作用。本次两河段总量控制研究工作对不同水期（包括丰水高温期、枯水低温期和枯水农灌期）、不利条件（最枯月）和考虑低限环境水量等的设计条件，进行了总量控制方案的计算和分析。

依据《制定地方水污染物排放标准的技术原则和方法》（GB 3838—83）的有关规定，为保证不利条件下河段水质安全，采用90%保证率最枯月平均流量作为设计流量。考虑到包头、花园口河段的低限河道环境需水量和区域社会经济未来的发展，两河段设计流量在上述“原则和方法”之外，考虑环境需水量需求，采用此种设计条件对两河段进行污染物的总量控制研究。其基本原则是在入河排污口达到国家《污水综合排放标准》中规定的有关要求、入黄支流口达到水功能区划对其入黄水质要求的前提下，入河污染物满足河段水体纳污能力的要求。

但是，水资源保护工作作为一个系统工程，是需要切实可行的总量控制方案的。在两河段的不同水期，条件各不相同，总量控制方案也应不同，即需要根据不同的设计条件确定不同的控制方案，而不是不利条件下的一种方案。为了保护包头和花园口河段或是黄河有限的水资源，应建立总量控制系统，如果仅在某几个河段搞总量控制，对其上游来水不加控制，犹如空中楼阁，可以说是不切合实际的。因此，水污染物总量控制应视为一个大的系统工程，应上、下游衔接，并对其控制的河段左右岸排放源进行追溯。

4.6 小结

4.6.1 结论

4.6.1.1 黄河包头和花园口河段由于上游污染物的输入和该区域大量污染物的排放，造成现状水质不能达到功能区水质目标要求

包头和花园口河段1998年接纳污染物总量27.7万t，其中排污口4.48万t，占总量的16.1%；支流输入23.3万t，占总量的83.9%，支流的输污量远远大于排污口。在两河段接纳的污染物总量中，COD_{Cr}、BOD_5 和氨氮的入河量占污染物总量的99.2%，是两河段污染控制的关键。两河段排污口超标排放现象严重，2/3的排污口达不到污水综合排放标准。包头和花园口河段入黄支流水质较差，大多为Ⅴ类水和劣Ⅴ类水，有的支流入黄水质竟超过污水综合排放标准，水质较差且输污量较大的支流是包头河段的昆都仑河，花园口河段的新老蟒河和洛河，这几条支流也是两河段污染物入河控制的重点。

包头和花园口河段全年水质均劣于Ⅲ类水标准，其中Ⅳ类水质河长占两河段总长的73.3%，Ⅴ类水质河长占26.7%。在各个水期中，丰水高温期水质相对较好，大多为Ⅲ类水质，而枯水低温期水质最差，均有不同程度劣于Ⅴ类水的河长。两河段水质较差的原因

主要是上游来水已受到污染，进入两河段后，尚未充分进行自净，而又接纳了两河段大量的工业和生活废污水所造成的。两河段水体主要超标因子为氨氮和 COD_{Cr}。

4.6.1.2 黄河是包头和花园口河段区域社会经济发展的主要供水水源，同时又是该区域的最终纳污水体，要保证水资源的永续利用，在入河污染物浓度控制的基础上，必须实行总量控制

黄河是包头和花园口河段工农业用水及城镇生活饮用水的主要供水水源。两河段水资源开发利用率都很高，均超出了全黄河 53% 的平均水平，尤其是包头河段，由于产水量较小，用水基本依靠黄河干流提供。由此可见，两河段的社会经济发展对黄河水资源的依赖性很强。黄河水资源的开发利用为两河段的社会经济发展提供了有力的支撑，也是两河段社会经济可持续发展的重要保障。

但是上述两河段现状水资源短缺，供需矛盾突出。特别是随着社会经济的发展，两河段本身上游来水已较差，同时又接纳了河段两岸大量的工业和生活废污水，水质恶化，污染严重，这已经成为两河段社会经济发展的制约因素。为了支持和保障两河段社会经济的发展，有必要对两河段有限的水资源加强保护，以往两河段的污染物排放实行的是浓度控制的方法，但结合目前两河段污染日趋严重的现实，浓度控制的方法已经不能满足两河段水资源保护的要求，为了水资源的优化配置和有效保护，使其永续利用，对两河段必须实施入河污染物总量控制。

4.6.1.3 制约河段纳污能力的因素诸多，但主要受河段水文、水环境条件影响，纳污能力的计算必须在界定的设计条件下进行

河段纳污能力是指该河段内的水体能够被继续使用，并且保持良好的生态系统时，所能够容纳污染物的最大能力。制约河段纳污能力的因素诸多，如计算模型、河段的水质目标、河段上游来水水质、河段的水文参数、污染物排放现状、污染物的综合降解系数等。因此，离开这些设计条件，空谈河段的纳污能力是没有意义的，也是脱离两河段实际情况的。

所以，本次研究河段纳污能力计算就是以两河段功能区为计算空间范围，结合两河段水文、水环境特征，考虑不同水文设计条件，按确定的功能区水质目标、来水水质以及入河排污口（包括支流口、农灌退水口）现状，根据水体稀释和污染物自净规律，选择数学水质模型而计算出的水体允许最大容纳的污染物量。在这种情况下计算出的两河段纳污能力能够反映出两河段的污染物承载能力，为下一步总量控制方案的制定提供了客观、合理、切合实际的依据。

4.6.1.4 计算模型的选择、设计条件的确定是河段纳污能力计算的关键，本研究以区域社会经济可持续发展和黄河水资源永续利用为目标，筛选确定了两河段纳污能力计算的设计条件

河段的纳污能力是有条件的，研究纳污能力计算的重点就是计算模型的选择和设计条件的确定。

本次研究共考虑了 3 种计算模型，即均匀模型、排污口概化模型和二维模型，从黄河包头和花园口河段的实际出发，考虑到黄河来水较少，旁侧入流占河段径流量的比例较高，因此选取了排污口概化模型和二维模型进行计算，同时考虑到二维模型控制较为严格，能够较好地保证饮用水水源地安全，所以在本次两河段纳污能力计算中，一般功能区采用排污口概化模型,而功能区内有生活、工业取水口时,则以取水口为节点,采用二维模型进行计算。

河段设计流量的确定,直接反映计算结果的准确性。为了能够使设计流量有较好的代表性,本次计算选取了涵盖20世纪70年代以来丰、平、枯各水期的1970~1998年的水文系列。考虑到黄河两河段各水文时期设计流量差异较大,入河污染物量也有所不同,所以针对各水期选取不同的设计流量,同时,考虑到大型水利枢纽的调节和下一步黄河水量调度的实施,又增加保证环境水量下的河段设计流量。因此共选取了5种设计流量,即枯水期、保证环境水量的枯水期、丰水高温期、枯水低温期和枯水农灌期。在确定5个水文时期的保证率时,则按照《制定地方水污染物排放标准的技术原则》(GB 3839—83)的要求,选用了5个水文时期的90%保证率作为其设计流量,同时为了保证饮用水水源地的安全,饮用水功能区采用5个水文时期的95%保证率作为其设计流量。依据以上方法确定的5个水文时期的设计流量见表4-35。

表4-35　包头、花园口河段不同水文时期设计流量

河段	二级功能区名称	设计流量 Q(m^3/s)				
		最枯月(环境水量)	最枯月	丰水高温期	枯水低温期	枯水农灌期
包头河段	乌拉特前旗非排污控制区	200	86	384	430	388
	乌拉特前旗过渡区	200	93	384	430	388
	乌拉特前旗农业用水区	200	93	384	430	388
	包头昭君坟饮用工业用水区	200	80	347	422	385
	包头昆都仑排污控制区	200	85	456	429	393
	包头昆都仑过渡区	200	85	456	429	393
	包头东河饮用工业用水区	200	80	347	422	385
	土默特右旗农业用水区	150	85	456	429	393
花园口河段	焦作饮用农业用水区	300	181	518	320	540
	郑州新乡饮用工业用水区	300	181	515	332	559

污染物综合降解系数与河流的水文条件,如流量、水温、pH值、流速、泥沙含量等因素有关,更为重要的是还与河道的污染程度有关。本研究在对影响降解系数的主要因素分析的基础上,选取常年实测资料进行计算反推,并且类比国内外一些河流的研究成果,同时结合黄河这两个河段的污染状况,在综合考虑以上因素的基础上,确定了各水文时期的综合降解系数:COD_{Cr}的K值为0.11~0.25 d^{-1},氨氮的K值为0.10~0.22 d^{-1}。其中排污较为集中(水体污染物浓度梯度相对较大)、流速较大和水温相对较高的河段,其值相对较高。

4.6.1.5 黄河包头和花园口两河段纳污能力的确定以保证其基本环境水量为条件，是比较适宜的

在所计算的包头和花园口河段5个水期COD_{Cr}与氨氮的纳污能力中，均是以丰水高温期的纳污能力最大，其次是枯水低温期、枯水农灌期、保证环境水量的最枯月，最小的是最枯月。依据两河段各水期的现状水质和纳污总量，按照两河段排污口达标排放，入黄支流达到其功能水质目标，进行可达分析。结果表明，两河段大多数功能区，只要排污口和入黄支流达到其水质要求，其两河段干流水质就能够达到功能区水质目标。

在计算的5个水期的纳污能力中，丰水高温期、枯水低温期和枯水农灌期只是分别代表了两河段不同时期的纳污能力，不能够充分代表两河段全年的情况。保证环境水最枯月和最枯月是以长水文系列、全年资料为依据的，更具有代表性，比较这两种纳污能力，由于最枯月的设计流量很小，计算出的纳污能力也相应为最少，如以此控制，结合两河段的经济技术条件来说过于严格；同时，随着下一步大型水利枢纽工程的调节和全河水量调度的实施，两河段均要保证一定的环境生态用水量，因此保证环境水量最枯月条件下计算出的纳污能力是符合两河段经济技术的承受能力。在这里需要指明的是，如果针对整个黄河来说，按照有关规定和全河的实际情况，最枯月条件下计算出的纳污能力则较为适合。

4.6.1.6 以环境水量为条件的纳污能力为依据，考虑区域社会经济的可持续发展，对入河污染物进行目标控制，以实现黄河干流两河段的容量总量控制目标，以此制定的两河段总量控制方案是比较实际的

污染物总量控制方案的制定不仅要考虑如何有效控制该区域的污染物排放，保护河段的水环境不受破坏，更要考虑该区域的经济发展、技术水平的承受能力。所以总量控制方案不能制定的过高，否则脱离区域经济技术条件，实际操作中难以实现；也不能制定的过低，否则排污得不到控制，水质遭受污染。

本次研究在充分考虑上述因素的基础上，通过分析论证，制定了总量控制方案，即在排污口、支流口达到其水质目标基础上的两河段容量总量控制，控制的依据是保证环境水量最枯月的纳污能力。

排污口2000年底达标排放是国家的环保政策要求，这一点任何排污口必须做到；支流一步达到其水质目标不太现实，考虑两河段经济技术条件，应分阶段逐步实现；以保证环境水量的纳污能力为依据，才能确保两河段的水质目标的实现，两河段水资源的永续利用和经济的可持续发展。

4.6.1.7 在纳污能力计算和总量控制方案编制中，应注意的主要问题

本次研究过程表明，在进行纳污能力的计算和污染物总量控制方案的制定时应注意以下三个方面：

第一，河段的纳污能力是在一定条件下的，不同的设计条件，河段的纳污能力的大小及所代表的意义是不同的。另外，在纳污能力计算中，其计算参数的确定是计算最为关键的一步，模型的选取是否符合计算河段的实际情况，参数的确定是否有代表性，直接关系到纳污能力计算结果是否合理科学。

第二，总量控制方案的制定，要紧密结合该区域经济发展现状和污染控制技术水平，总量控制方案制定的不能过于严格，不能超过区域经济技术的承受能力；同时总量控制以

控制排污、实现水质目标为根本目的,所以方案制定的也不能过低,否则就不能有效控制排污,保护水体不受污染。

第三,在纳污能力计算和进行总量控制的过程中要注意河段上下游的衔接问题。河流是连续不断的,其上游来水的多少、好坏,必将对下游产生影响。因此,在纳污能力计算和总量控制的过程中,若只单单考虑计算河段,而忽视上下河段的衔接,则这样计算出的结果和总量控制方案是脱离实际的。

4.6.2 建议

4.6.2.1 进一步制定黄河各河段、各水期、不同条件下的总量控制方案

黄河河情复杂多变,各河段、各水期水文、河道情况都不相同,而各河段排污又为动态过程,各时期黄河的纳污量有较大差异。而整个黄河流域污染问题越来越突出,在此情况下,仅做包头和花园口河段是远远不够的,不能满足实际需要。因此,为了更加有效地控制黄河水污染,建议结合黄河污染现状,在全黄河范围内,尤其是兰州以下各河段,制定不同水期、不同条件下的总量控制方案,甚至应具体到黄河各个月份的总量控制方案,形成针对黄河不同的情况,都有其相应的总量控制方案,这样才符合黄河多变的污染特点,才能够适时对黄河水污染进行有效防治,而这样的总量控制方案有更加切实可行的操作性。

4.6.2.2 建议进一步加强面源、内(自)源污染的研究和控制

面源污染和内(自)源污染不同于点源污染,都有其各自的特点和规律。现状表明,面源和内(自)源污染在一定的时期,如汛期,对黄河水质的影响是相当显著的,而且随着下一步对点源控制的加强,面源和内(自)源污染会越来越突出。我国自20世纪70年代末才开始注意面源污染的研究,对内(自)源的研究刚刚起步,研究工作还显得十分薄弱。因此,建议在充分认识面源和内(自)源污染危害的基础上,开展面源和内(自)源污染负荷定量化及其控制研究,为从根本上控制黄河水污染奠定基础。

4.6.2.3 建议进一步加强不同河段、不同条件下污染物综合降解系数的研究

污染物综合降解系数反映了污染物在水体中降解的快慢程度,是在纳污能力计算中最为关键的参数之一,其取值是否合理直接影响到纳污能力计算结果和总量控制方案的实施,重要性不言而喻。影响污染物综合降解系数的因素很多,不仅包括河道情况、水文情况,如流量、流速、水温、泥沙等,同时还受污染物种类、河段污染物浓度梯度等因素的影响。鉴于综合降解系数的重要性和复杂性,建议下一步应进行不同河段,不同水文、河道条件下,不同污染物种类的综合降解系数的研究,进一步提高其精度,这也是为今后黄河水质预报、水质水量联合调度做好准备。

4.6.2.4 建议对总量控制方案进行后续工作,总量控制分配至点源

总量控制是一个大的系统工程,它需要上下游、左右岸、全河乃至全流域的统筹规划部署,要进行实施,其控制落脚点最终是要追溯到污染源,对污染源提出控制要求。本次包头和花园口河段总量控制研究,仅只对规划实现水平年进行总量控制计算,从控制方案的角度,仅提出方法性问题,并给出一个基本控制框架,同时将污染物控制总量定在了排放口(支流口、入河排污口、入河农灌退水口),真正的实践还要做后续工作。因此,建议对总量控制方案进行进一步分配,控制至点源,使总量控制方案具有可操作性。

4.6.2.5 建议两河段进行区域产业政策调整，大力开展节水减污、清洁生产措施

包头和花园口河段水资源短缺，供需矛盾突出，其水污染严重，面临着资源性缺水和污染性缺水。总量控制方案的制定只是从监督管理上提供了方法，两河段要从根本上防治水污染，还应进行区域产业政策调整，大力开展节水减污、清洁生产措施。对农业要大力推广节水灌溉技术，建立节水型农业，提高农灌用水的利用系数，减少农灌退水，减少面源污染；对工业要严格限制高耗水、重污染企业的建设，工矿企业要推广清洁生产工艺，节水减污，提高水的循环利用率，加强工矿企业的水污染治理，保证污水处理设施正常运转，减少废污水及污染物的排放；加快城市污水处理厂建设，提高城市污水的集中处理率，考虑城市污水脱氮处理，有效控制两河段的氨氮污染；有针对性地加强和推进污水资源化工作，提高城市水资源综合利用率。

第5章 结论和展望

5.1 黄河水环境承载能力合理利用分析

水环境承载能力既是客观的,又是有条件的。由于黄河水资源和水环境特性,决定其水环境承载能力时空分布不均,采取适宜的工程措施和非工程措施,可以有效利用水环境承载能力,对促进流域水资源的永续利用和社会经济的可持续发展有重要意义。紧密结合影响黄河水环境承载能力的相关因素,进一步研究提高和合理利用黄河水环境承载能力的对策与措施是非常必要的。

5.1.1 水功能区管理是水环境承载能力合理利用的法律依据

河流水功能区管理的有效实施是水资源优化配置、合理利用和节约保护的重要保证。水环境作为水资源的重要组成部分,水环境承载能力的合理利用最终也要以水功能区的有效管理来实现,对此国家在《中华人民共和国水法》第三十二条中规定:"县级以上人民政府水行政主管部门或者流域管理机构应当按照水功能区对水质的要求和水体的自然净化能力,核定该水域的纳污能力,向环境保护行政主管部门提出该水域的限制排污总量意见。县级以上地方人民政府水行政主管部门和流域管理机构应当对水功能区的水质状况进行监测,发现重点污染物排放总量超过控制指标的,或者水功能区的水质未达到水域使用功能对水质的要求的,应当及时报告有关人民政府采取治理措施,并向环境保护行政主管部门通报。"

鉴于此,黄河水环境承载能力的有效利用应以有关法律为依据,制定水功能区管理办法(条例)切实加强水功能区的监督管理,以实现合理利用水环境承载能力来支持社会经济的持续发展。

5.1.2 入河污染物总量控制是合理利用水环境承载能力的重要手段

根据1998年黄河干流水质监测资料评价,汛期、非汛期和年平均分别有24.5%、61.7%和58.1%河长的水质劣于国家地表水环境质量Ⅲ类标准,污染河段主要分布在兰州新城桥以下。可见这些河段污染物入河量,在不同水期已不同程度地超过了水环境承载能力,其中水资源开发利用量最大、排污集中的城市河段和区域,超载尤为严重。要实现水质不超标的目标,对入河污染物应实施总量控制制度,将总量控制指标逐级分解、责任落实、形成体系并建立和完善污染物入河许可制度以及相应的监管机制;根据黄河水资源特性、各水期水环境承载能力差异、河段与区域排污特点,宜制定多种排污控制方案,实时控制污染物入河量,合理利用黄河水环境承载能力。

5.1.3 水污染防治是合理利用水环境承载能力的根本措施

污染物入河量超出水环境承载能力，是造成黄河流域水污染的根本原因。据1998年黄河干流纳污量调查，干流85%以上排污口均超标排放，废污水中COD_{Cr}平均浓度在300 mg/L左右，氨氮平均浓度在26 mg/L左右；在测试的部分支流中，其河水中的污染物浓度甚至比排污口废污水还高，如黄河下游的新蟒河、沁河等。因此，要改变这种不合理利用水环境承载能力的局面，必须追根溯源，切实加强水污染防治工作。流域内所有工矿企业的废污水都必须按照国家或地方的要求做到达标排放，并满足入河污染物总量控制要求；所有设市城市均应建设污水处理厂，城市生活污水处理率达到国家限期要求；根据水资源和水环境承载能力，调整产业结构，优化工业布局，严格控制高耗水、重污染企业的发展；同时加强面源污染的治理等，以保证黄河水资源的永续利用和良好的生态系统。

5.1.4 运用多种途径提高和合理利用黄河水环境承载能力

在河道水量持续减少、纳污量递增的情况下，如何使有限的黄河水环境承载能力发挥其最大功效，是当前亟待解决的重大问题，从现实情况看，需要采取如下几项措施。

5.1.4.1 完善水量调度，保证生态用水

目前黄河干流的水量统一调度工作已经全面展开，黄河已经实施的刘家峡—头道拐及三门峡—利津河段的水量实时调度实践证明，水量调度在初步缓解黄河下游断流及枯水期下游用水紧张局面的同时，对维持水体的自然净化能力、增大黄河中下游水环境承载能力，尤其对非汛期黄河中下游河段的水质保护、河道生态恢复和河口湿地保护起到了重要作用，也可以说在一定程度上弥补了黄河水资源时空分布不均对水环境承载能力所带来的不利影响。但是目前还没有形成流域性水资源量和质的统一调度与管理，而且调控能力不足，黄河上游兰州—头道拐和中游头道拐—龙门河段还没有控制性的骨干工程，尤其是在宁、蒙灌区用水量大的枯水季节，不仅宁蒙河段河道环境用水得不到保证，而且将直接影响目前污染较为严重的潼关河段以及潼关以下河段的水环境承载能力和生态环境状况。因此，应尽快开展南水北调西线配套工程大柳树水库及中游古贤和碛口水库的前期工作，并研究碛口、古贤、三门峡、小浪底水库联合调水调沙和碛口水利枢纽的作用问题，适时开工建设，以增强上、中游水量调控能力，增大黄河上、中游生态用水水量和水环境承载能力，改善上、中游水质状况。

5.1.4.2 合理调整产业结构和工业布局，优化排污口设计

加强水资源的统一管理和保护，统筹考虑城乡生活、生产、生态等各方面对水量和水质的要求，推行计划用水和科学用水，合理调整产业布局，以供定需，加强需水管理，逐步实现水资源的合理配置，确保河道内水量的持续稳定和具有一定的水环境承载能力。

目前黄河许多河段因为排污口位置设置不当、排放方式不妥等问题造成局部河段水体污染严重，影响本功能区或邻近功能区的水资源使用功能；另外，由于缺乏有效的管理措施，在许多饮用水水源区内仍存在不少排污口，严重威胁饮用水水源地和广大人民群众身体健康的安全。因此，应结合各排污河段的实际情况，对排污口位置、排放方式和时机等，进行优化设计，以达到合理、高效地利用水环境承载能力的目的。

5.1.4.3 加大节水力度,提高水的使用效率

目前黄河水资源供需矛盾突出,各部门总用水量已超出黄河水资源的承载能力,缺水已成为沿黄地区经济社会可持续发展的主要制约因素。但是目前流域内占河川径流利用量90%以上的农业灌溉用水利用系数平均仅有0.4,工业用水重复利用率仅为40%~60%,从水资源保护的角度上来说,不仅浪费了大量的水资源,而且减少了水环境承载能力,加大了对水环境的危害。因此,要大力发展节水农业,提高旱作农业生产水平,充分利用雨水资源,搞好工业和城市生活节水,推进污水资源化工作的开展,建设节水防污型社会,把清洁生产推广到区域水资源的有效配置上去,以流域内大中城市、主要工矿区和宁蒙平原、汾渭盆地及豫鲁平原等引黄灌区为重点,全面推行节水措施。

5.1.4.4 利用生物—生态修复技术,提高支流水体的自净能力

水体有其自身的自净和承纳污染物的特点,不同的水域由于水文条件、水动力学状况和河道污染特性的差异,水环境承载能力也各不相同。近年来的研究表明,科学合理地利用水域自身的这些特点,改善影响水域承纳污染物能力的物理、化学、生物的或是其他直接、间接的因素,可以有效提高水域的水环境承载能力。例如:疏浚河道,改善河道水力状况,有利于污染物的迁移,同时通过疏挖河道底泥,可以减少内源的二次污染;利用生物操纵技术、生物吸收技术、生物过滤技术和生物净化技术等生物—生态修复技术,采用生物膜处理、人工湿地、土地处理等方法提高水域污染物净化水平等。目前黄河入河污染物的69.6%来自支流,针对这种状况,在条件基本具备的情况下,可以因地制宜在支流集中排污河段,在不影响防洪的前提下,在水污染相对严重的非汛期采用疏浚河道、利用滩湿地以及布设膜处理、河道内培养生物包括植物和动物等人工强化生物净化措施,加强支流的综合治理,提高支流的水环境承载能力,减少黄河干流的污染物接纳量,提高干流承纳污染物的能力。

5.2 黄河水资源保护存在的主要问题

5.2.1 黄河水资源保护体系框架亟待建立

近年来,黄河水资源保护事业得到了快速发展,水质监测网络和能力建设得到大大加强,初步建立了水资源保护监督管理体制,水利、环保联合治污机制初见成效,入河污染物总量限排意见已经发布,黄河重大水污染事件快速反应机制初步建立,信息化建设水平得到大大提高。虽然目前水资源保护工作取得了较大成绩,但是还不能满足新形势下经济社会可持续发展的要求,各项业务还有待加强,可以说今后很长一段时间内水资源保护事业仍处于探索和发展阶段。因此,应以流域可持续发展作为终极目标,紧紧围绕水资源保护的法定职能,系统考虑流域水资源保护的组成结构、近期和远期的各项业务,加强业务间的沟通和支持,尽快建立黄河水资源保护体系框架,并在今后工作中逐步实施和补充完善。

5.2.2 水域纳污能力及限制排污总量制度有待完善

目前,水域纳污能力及限制排污总量技术方法基本建立,黄河水域限制排污总量意见已经发布,但由于其中许多关键技术问题尚未和实际水资源保护监督管理相衔接,以及与之配套的监督管理措施不够完善等问题,水域限制排污总量意见在水资源保护实践工作中难以实施。目前应结合黄河水资源保护监督管理实际,尽快完善污染物总量控制指标体系,系统研究水域纳污能力审定和污染物总量控制技术,以科学合理利用水域纳污能力和确定水域允许纳污规模。同时,应尽快建立起与限制排污总量意见相配套的监督管理和水质监控体系,以充实完善水资源保护监督管理工作。

5.2.3 水资源保护工程布局有待确立

近年来,随着黄河流域社会经济的快速发展,污染物入河量已远远超过黄河水环境承载能力,成为制约经济发展的重要因素。在现有水污染防治工程和非工程措施效益充分发挥的前提下,如何科学合理地利用大自然的自我修复能力,并配套相应的水资源保护工程,进一步改善水环境质量,是今后水资源保护的重点工作之一。

5.2.4 水资源保护监控体系需要建立和完善

目前《水功能区管理办法(试行)》、《黄河入河排污口管理办法(试行)》、《黄河取水许可水质管理规定》等已颁布实施。在相关条文中,明确提出了流域管理机构在水域纳污能力和限制排污总量意见方面的监督管理职责。但是,由于配套的"水域纳污能力和限制排污总量意见"的实施细则尚未制订,缺少监督检查、水质和总量指标监测规范等内容,现有监测断面布局欠合理、水质监测基础设施不健全,既定的水域纳污能力和总量控制方案还难于监督实施,入河污染物总量指标的监管还不能作为水资源保护监督管理日常事务开展起来。因此,根据水功能区管理和水域限制排污总量的要求,优化和调整流域水质监测工作,尽快建立起与限制排污总量意见相配套的监控体系,满足水功能区、入河排污监控、河流水质与入河污染物省界控制的要求。

5.2.5 流域与区域相结合的水资源保护机制和政策有待探讨

目前流域水资源保护尚未形成切实有效的流域与区域相结合的监督管理体制,相关的水资源保护法律法规尚不完善,流域与省(区)相关职能管理部门的联合治污机制还处在初始阶段,流域水资源保护工作和省(区)水污染防治各自为政,缺少沟通与衔接,水污染防治与水资源保护严重脱节,使黄河水资源保护措施难以及时有效开展,行政责任难以落实等。因此,应尽快研究提出流域水资源保护管理的政策措施,保障水功能区目标的实现。

5.3 研究展望

黄河水环境承载能力研究的核心问题是:在未来水资源保护目标下,定量研究实现水资源可持续利用的水环境承载能力开发利用程度、水资源开发利用模式和规模,提出提高和合理利用有限的黄河水环境承载能力的对策与措施。

主要研究内容如下。

5.3.1 黄河水环境承载能力及优化配置模型

5.3.1.1 动态黄河水域纳污能力核定模型

根据黄河不同河段河道、泥沙、水环境、水动力学条件等,选用不同的数学水质模型,在分析黄河干支流来水规律的基础上,结合黄河水量统一调度,设计不同的条件,率定有关参数,进行黄河水域纳污能力分析计算,结合典型来水条件下的水质状况进行合理性分析,并分析归纳黄河水体纳污能力特征。

5.3.1.2 基于黄河水量调度的水污染控制模型

综合考虑水域纳污能力核定、限制排污总量指标确定、自净水量等工作和各项工作间的联系,以及排污口优化、生态修复技术、水工程调度、引水减污、疏浚清淤等黄河水资源保护工程和非工程措施在改善水环境质量中的作用,采用最满意准则,应用多目标决策方法,研制水域纳污能力资源优化配置模型和与之相配套的子模型,建立黄河水环境承载能力合理利用评价指标体系,最终形成水域纳污能力优化配置模型系统,并与水资源配置模型及工程布局相耦合。

5.3.1.3 黄河水环境承载能力评价模型

建立黄河水环境承载能力评价模型,主要包括:①水资源供需平衡评价体系;②水环境目标指标体系,包括水环境质量目标、水资源保护及管理目标、水污染控制目标、环境建设及环境管理目标等;③水环境承载能力评价模型等。

5.3.1.4 提高和合理利用黄河水环境承载能力关键技术研究

1)合理利用黄河水环境承载能力关键技术研究

分析黄河典型河段点污染源和入河排污口分布、水资源开发利用状况,以及社会经济结构和工业布局等,利用运筹学、最优化等方法,提出合理利用黄河水环境承载能力的工程和非工程措施,对区域社会经济结构、产业布局、水资源开发利用提出调整建议等。

2)提高黄河水环境承载能力关键技术研究

根据影响水环境承载能力因素分析,科学合理地利用水体自净和承纳污染物的特点,选择典型河段或区域,探讨改善影响水域承纳污染物能力的物理、化学、生物的或其他直接、间接的因素,以及提高河道生态环境用水量等多种方法来有效提高水域水环境承载能力的途径。

5.3.2 黄河流域产排污模型

5.3.2.1 点源污染负荷产排污模型

在收集区段社会经济发展状况和入河污染物状况等资料的基础上,研究社会经济发展与污染物排放关系,建立黄河流域点污染源产排污模型。

5.3.2.2 面污染源污染负荷数学模型

1)黄河流域农业面源污染负荷预测数学模型

黄河流域农业灌溉用水量较大,占整个流域用水量的70%以上,且长期以来,一直未能掌握农灌退水对黄河水质的影响程度和规律,给黄河水资源保护带来了一定难度。该课题的主要研究内容为:拟选择典型灌区,研究其农业面源产生的机理,主要污染物种类、数量及入黄规律,耦合分布式径流模型,建立农业面源负荷预测模型,分析不同水平年农业面源对黄河水质的影响。针对预测结果,提出合理、可操作的控制对策和措施。

2)*黄河流域城市面源污染负荷预测数学模型*

城市地表径流是仅次于农业面污染源的第二大面污染源。选取典型城市或区域,调查该城市区域的基本情况及水文特征,分析城市面源污染物的来源及污染特征。在此基础上,研究城市面源污染物的产生、运移与输出过程,建立适合黄河流域的城市面源污染负荷与预测的数学模型,分析城市面源污染物对黄河水质的影响程度。最后针对城市面源污染物运移的各个过程,提出相应的工程措施和非工程措施,控制和减缓城市面源污染物对黄河水质的影响。

5.3.3 黄河生态修复示范工程研究

选择典型区域,开展生态修复技术的示范工程研究,根据拟建工程所在区域地形、河道等特点,结合废污水特性研究成果,进行示范工程工艺比选研究,并根据所确定工艺进行河流自然条件模拟及污染物迁移转化规律的研究,确定工程规模,进行废污水生态处理工程的设计和实施,并以此为借鉴,推广至其他河段。

5.3.4 黄河流域水资源保护管理政策措施研究

以水功能区管理为核心、以总量控制为手段、以省界断面监控为重点,按照流域和区域相结合的原则,研究分析流域水资源保护切实有效监督管理的政策法规和制度,探讨流域和区域相结合的水资源保护管理体制,水利、环保联合治污运行机制,入河排污口的管理和水污染应急体制等。

参考文献

[1] 夏青.流域水污染物总量控制[M].北京:中国环境科学出版社,1996.

[2] 方子云.水资源保护工作手册[M].南京:河海大学出版社,1988.

[3] 汪恕诚.水环境承载能力分析与调控[J].水利发展研究,2002(1).

[4] 郭怀成,等.环境规划学[M].北京:高等教育出版社,2001.

[5] 廖文根,等.水环境承载力及其评价体系探讨[J].中国水利水电科学研究院学报,2002,6(1).

[6] 彭静,等.广义水环境承载理论与评价方法[M].北京:中国水利水电出版社,2006.

[7] 全国水资源综合规划地表水资源保护技术培训讲义[R].北京:中国水利水电规划设计总院,2003.

[8] 吴季松,袁弘任,等.水资源保护知识问答[M].北京:中国水利水电出版社,2002.

[9] 朱党生,王超,程晓冰.水资源保护规划理论及技术[M].北京:中国水利水电出版社,2001.

[10] 王超,刘平,等.水域纳污能力及限制污染物排放总量方法研究[R].南京:河海大学,2003.10.

[11] 张永量,洪继华,夏青,等.我国水环境容量研究与展望[J].环境科学研究,1988,1(1).

[12] 李明霞.淮河安徽段环境容量计算方法研究[D].合肥:合肥工业大学,2003,7.

[13] 黄河流域水资源保护规划报告[R].郑州:黄河流域水资源保护局,2001.

[14] 制定地方水污染物排放标准的技术原则和方法(GB3839—83)[S].北京:中国环境科学出版社,1983.

[15] 汪恕诚.资源水利与黄河治理——汪恕诚部长在黄委机关职工大会上的讲话[R].1999.5.

[16] 周孝德,郭瑾珑,程文,等.水环境容量计算方法研究[J].西安理工大学学报,1999,15(3).

[17] 黄河流域水环境监管中心黄河流域重点水源有毒有机物调查研究[R].郑州:黄河流域水环境监管中心,2007.

[18] Armbruster J T. An infiltration index useful in estimating low – flow characteristics of drainage basins [J]. J Res USGS, 1976, 4(5).

[19] McMahon T A, Arenas A D. Methods of computation of low streamflow [A]. Paris, UNESCO Studies and reports in hydrology[C]. 1982, 36.

[20] Sheail J. 'Historical development of setting compensation flows', in Gustard [A]. A., Cole, G., Marshall, D., and Bayliss, B. (Eds), A Study of Compensation Flows in the UK, Report 99[C]. Institute of Hydrology, Wallingford. Appendix (Ⅰ).1984.

[21] Jowett I G. Instream flow methods: a comparison of approaches[J]. Regulation rivers: Research and Management, 1997, 13.

[22] 王巧丽.河道内生态环境需水量探悉[J].山西水利科技,2006,11.

[23] 张代青,高军省.河道内生态环境需水量计算方法的研究现状及其改进探讨[J].水资源与水工程学报,2006(4).

[24] 倪海深,崔光柏.河道生态环境需水量的计算[J].人民黄河,2002(9).

[25] 王西琴,刘昌明,杨志峰.河道最小环境需水量确定方法及其应用研究(Ⅰ)——理论[J].环境科学学报.2001(9).

[26] 阳书敏,邵东国,沈新平.南方季节性缺水河流生态环境需水量计算方法[J].水利学报,2005(11).

[27] 方辉.中东河环境需水量研究[D].上海:同济大学,2004.

[28] 宋进喜,曹明明,李怀恩,等.渭河(陕西段)河道自净需水量研究[J].地理科学,2005(6).
[29] 王礼先.植被生态建设与生态用水——以西北地区为例.水土保持研究[J],2000,7(3).
[30] 姜德娟,王会肖,李丽娟.生态环境需水量分类及计算方法综述[J].地理科学进展,2003(7).
[31] 罗华铭,李天宏,倪晋仁,等.多沙河流的生态环境需水特点研究[J].中国科学E辑技术科学,2004,34(增刊Ⅰ).
[32] 王西琴,刘昌明,杨志峰.生态及环境需水量研究进展与前瞻[J].水科学进展,2002,13(4).
[33] 耿雷华,刘恒,钟华平,等. 健康河流的评价指标和评价标准[J].水利学报,2006,37(3).
[34] 中国大百科全书编辑部.中国大百科全书(环境卷)[M].北京:中国大百科全书出版社,2002.
[35] 南开大学环境科学与工程学院,等.黄河兰州段典型污染物迁移转化特性及承纳水平研究[M].北京:化学工业出版社,2007.
[36] 钱正英, 陈家琦, 冯杰. 人与河流和谐发展[J]. 河海大学学报(自然科学版), 2006, 34(1).
[37] 胡国华,夏军,赵沛伦.多泥沙河流水污染与模拟控制[M].长沙:湖南师范大学出版社,2002.
[38] 赵沛伦,申献辰,夏军,等.泥沙对黄河水质影响及重点河段水污染控制[M].郑州:黄河水利出版社,1998.
[39] 陈静生,何大伟,张宇.黄河水的COD值能够真实反映其污染状况吗[J].环境化学,2003(6).
[40] 黄河水质化学需氧量分析技术与评价问题探讨[R].郑州:黄河流域水资源保护局,2000.
[41] 黄河水沙与水环境研究概述[R].郑州:黄河流域水资源保护局,2000.12.
[42] 宋进喜,李怀恩.渭河生态环境需水量[M].北京:中国水利水电出版社,2004.
[43] 郝伏勤,黄锦辉,李群.黄河干流生态环境需水研究[M].郑州:黄河水利出版社,2005.
[44] 张玉清.河流功能区水污染物容量总量控制的原理和方法[M].北京:中国环境科学出版社,2001.
[45] 郝伏勤,张建军,黄锦辉,等.黄河水质预警预报关键技术研究[R].郑州:黄河流域水资源保护局,2004.
[46] 张世坤,张建军,等.黄河花园口典型污染物自净降解规律研究[J].人民黄河,2006(4).
[47] 尚晓成,李玉洪,吴纪宏,等.黄河重点河段水功能区划及入河污染物总量控制方案研究[R].郑州:黄河流域水资源保护局,2002.
[48] 水利部. 中国水功能区划[S].2002.
[49] 连煜,王新功,王瑞玲,等.黄河河口生态需水研究[R].郑州:黄河流域水资源保护局,2006.
[50] 黄河流域水资源综合规划[R].郑州:黄河水利委员会,2006.
[51] 杜建国.再生水利用——缺水城市的水资源[J].水资源管理,2005,15.
[52] 国际再生水利用情况[J].工程质量,2005,12.